Adar Dof Cymru Fu

Ted Breeze Jones

Llyfrau Llafar Gwlad

Golygydd Llyfrau Llafar Gwlad:
John Owen Huws

Argraffiad cyntaf: Gorffennaf 1997
ⓗ Ted Breeze Jones

Rhif Llyfr Safonol Rhyngwladol:
0-86381-447-6

Clawr: Smala

Argraffwyd a chyhoeddwyd gan Wasg Carreg Gwalch,
12 Iard yr Orsaf, Llanrwst, Dyffryn Conwy, LL26 0EH.
☎ (01492) 642031

Cynnwys

Diolchiadau

Mae'n ddyledus arnaf ddiolch i'r canlynol am eu cydweithrediad parod drwy awgrymu ffynonellau ac am gyfrannu'n hael o'u gwybodaeth: Twm Elias, Plas Tan-y-bwlch; Dafydd Guto Ifan; Will Evans, Llangefni; John Owen, Cricieth; Owen Owen, Bethesda; Steffan ab Owain, 'Stiniog; Einion Thomas, Archifdy Dolgellau; Tomos Roberts, Archifdy'r Brifysgol, Bangor ac Amgueddfa Werin Sain Ffagan. Rwy'n ddyledus i Marian Lewis am deipio'r llawysgrif ac i Anwen fy ngwraig am fy nghanlyn i safleoedd talyrnau lu ac am wrando arnaf yn parablu am geiliogod, gwyddau ac adar eraill Cymru Fu. (Erbyn hyn, diflannodd y mwyafrif o'r hen dalyrnau ac ychydig ohonynt sy'n weddill. Yn aml, erys dim ond enwau pentrefi a thai: Talwrn, Caergeiliog, Tai Ceiliogod ym Môn a Maes y Gwaed ym mhentref Llanystumdwy.)

Yn sicr, ni fyddai'r gyfrol wedi gweld golau dydd heb ddiddordeb a sgiliau Gwasg Carreg Gwalch. Diolch iddynt hwythau.

Ted Breeze Jones 1997

Ceiliog a Iâr

Ymysg y rhigymau cyntaf a ddysgwyd i lawer ohonom ym more oes, roedd penillion syml yn ymwneud â cheiliog a iâr y buarth:

Mae gen i iâr a cheiliog
A brynais ar ddydd Iau,
Mae'r iâr yn dodwy ŵy bob dydd
A'r ceiliog yn dodwy dau.

Roedd ffolineb a doniolwch yn amlwg mewn llawer ohonynt, ynghyd â daearyddiaeth syml mewn ambell rigwm:

Mae gen i iâr yn eistedd
Ar ben Ysgyryd Fawr;
Mae'n rhaid cael benthyg ysgol
I dynnu hon i lawr.
Mae hanner cant o wyau
O dani, sicr yw;
Caf hanner cant o sylltau
Os bydd y cywion byw.

Nid yw'n syndod o gwbl fod cymaint o rigymau ac idiomau bywiog am iâr a cheiliog wedi datblygu i liwio'r iaith, gan fod yr adar yn rhan mor bwysig o blentyndod yn yr amser a fu.

Gan amlaf, rhan o ddyletswyddau lluosog gwraig y tŷ oedd gofalu am ieir, gwyddau a hwyaid y buarth, a'r plant yn cynorthwyo drwy fynd i gasglu'r wyau o'r nythod. Gorchwyl pwysig oedd gosod ieir a gwyddau i ori, a'u llwyddiant, fel y dengys y pennill uchod, yn rhan o economi'r fferm a'r tyddyn. Yn yr amser a fu, roedd ieir yn cael eu cadw yn y rhan fwyaf o gartrefi cefn gwlad gan eu bod yn hawdd i'w cadw ac yn rhoi cynnyrch mor faethlon a derbyniol. Mae ŵy yn bryd ynddo'i hun a chwstard ŵy yn fwyd traddodiadol i'r gwan a'r llesg. Mewn argyfwng, neu pan oedd aderyn wedi mynd yn rhy hen i ddodwy, byddai'n diweddu ei oes fel pryd blasus i'r teulu cyfan. Yn wir, cyw iâr oedd sylfaen cinio Nadolig ein teulu ni drwy ddyddiau plentyndod. Nid oedd dim yn cael ei wastraffu a chlustogau plu oedd ar ein gwelyau.

Crystiau wedi eu mwydo oedd bwyd arferol yr ieir cyffredin, ynghyd ag unrhyw weddillion bwyd o'r gegin ac ambell ddyrnaid o India-corn yn ystod y tymor dodwy. Byddai plisg wyau yn cael eu malu'n fân a'u lluchio ar lwybrau'r ardd i'r ieir eu pigo – hynny'n sicrhau nad oeddent yn dioddef o ddiffyg calch ac na fyddent yn dodwy wyau plisg meddal. Byddai ambell iâr yn mynnu dodwy a gori yn y gwyllt, a gwaith difyr i'm brawd a minnau oedd ei gwylio'n ôl i'r llecyn nythu ar ôl bwydo. Coeliwch fi, gall iâr fod yn hynod gyfrwys ac weithiau byddai dyddiau lawer yn mynd heibio cyn inni ddarganfod ei nyth ym môn y gwrych neu yng nghysgod y rhesi tatws. Ambell dro, yr iâr afradlon fyddai'n trechu

Ieir Silver Dorking

Ieir Redcap

ac yn ymddangos ymhen wythnos neu ddwy efo haid o gywion wrth ei sodlau. Ni allwn ragweld hyn, ond roedd y gwaith yn brentisiaeth wych ar gyfer yr holl hela nythod adar gwyllt a fyddwn yn ei wneud yn y dyfodol!

Ceir tua saith deg brid gwahanol o iâr y buarth yng ngwledydd Prydain heddiw (mwy medd rhai) ond bernir bod y cyfan ohonynt wedi tarddu o un rhywogaeth wyllt sef y *gallus gallus*, iâr goch y goedwig. Awgrymodd haneswyr fod rhai anifeiliaid megis y ddafad a'r afr wedi eu creu i gyd-fynd ag esblygiad dynolryw ac i hyrwyddo'i ddatblygiad cynnar. Os yw hynny'n wir a bod angen aderyn ar gyfer y grŵp dethol, yna iâr goch y goedwig fyddai honno, ond mae'n anodd amcangyfrif faint o'i disgynyddion sy'n ein byd cyfoes ni. Cred rhai bod ei niferoedd yn fwy na phoblogaeth dyn ac un awgrym oedd bod 3,000 o filiynau ohonynt ar wyneb y ddaear!

Cartref gwreiddiol yr iâr goch oedd Dyffryn Indws yn yr India, ond mae hanes cynnar ei dofi ar goll yng nghymylau amser ac ni wyddom pa bryd y lledaenodd o'r India. Erbyn y bumed ganrif cyn Crist roedd ieir ym meddiant y mwyafrif o'r gwareiddiadau yn Siapan, Groeg a'r Eidal, ac awgrymir bod lledaeniad yr Ymerodraeth Rufeinig wedi cludo'r adar drwy Ewrop ac i wledydd Prydain.

Credai'r Rhufeiniaid fod cnawd iâr wedi ei boddi mewn gwin yn arbennig o flasus ac mae'n amlwg eu bod wedi astudio pob agwedd ar y gelfyddyd o fagu ieir yn llwyddiannus. Credent y dylai'r cytiau ieir fod mor agos at y gegin â phosib er mwyn i'r mwg o'r gegin chwythu i'r plu a difa'r llau oedd mor blagus i'r adar!

Roedd yr ieir cynnar hyn yn cael eu magu ar gyfer y bwrdd bwyd yn ogystal ag i gynhyrchu wyau, er nad oeddent i'w cymharu â ieir modern. Bryd hynny, dodwyai iâr dda tua thrigain o wyau mewn blwyddyn; heddiw disgwylir i iâr ddodwy 360 mewn blwyddyn – un ŵy bob dydd!

Datblygodd dau fath o iâr yn Ewrop, ac o wledydd ar lannau'r Môr Canoldir tarddodd ieir bach bywiog megis yr Andalwsiad a'r Leghorn, ac o wledydd oerach gogledd Ewrop daeth ieir mawr bodlon a ddatblygodd yn Dorking, Sussex ac eraill.

Mae'n werth cofio bod ieir bychain bantam neu ddandi wedi eu datblygu hefyd, yn union fel y rhai mawr ond eu bod tua phumed rhan o faint yr iâr fawr arferol. Roedd y rhain yn boblogaidd iawn gan blant:

> Ceiliog bach y dandi,
> Yn crio drwy y nos,
> Eisiau benthyg ceiniog
> I brynu gwasgod goch.

Mae cof gennyf am gymeriad o 'Stiniog – meistr ar gelwydd golau – wedi anfon am driawd dandi (dwy iâr a cheiliog) i rywle yn swydd Efrog, a chyrhaeddodd y pecyn Stesion Grêt y dref ymhen tridiau. Pan agorodd y gŵr y bocs pren a rhoi'r ieir bach yn yr ardd, sylwodd fod

Ceiliog y gwynt o Dalsarnau

Ieir Langshans

Swmatras Du

rhywbeth gwyn yn y llwch llif ar lawr y bocs. Dechreuodd gribo'i law drwyddo a chafodd ŵy ar ôl ŵy, hyd at dri dwsin yn y llwch! Yn sicr, yr ieir gorau am ddodwy a fu ar wyneb y ddaear!

Os mai'r iâr oedd cynhaliwr economaidd y fferm a'r tyddyn, y ceiliog balch fu gwrthrych eiddigedd ac edmygedd dynion drwy'r oesoedd:

> Si-so, si-so,
> Deryn bach ar ben y to;
> Ceiniog i ti,
> Ceiniog i mi,
> A cheiniog i'r iâr am ddodwy,
> A cheiniog i'r ceiliog am ganu.

Wele ddisgrifiad Daniel Owen o hen geiliog cyffredin o'r fath yn ei nofel *Gwen Tomos*:

> Ac un braf oedd yr hen gobyn – un o frid drws y 'sgubor, a'i frest cyn ddued â llusen. Gallwn ei glywed yn canu filltir o ffordd. Yr oedd fy mam yn deall rhywbeth am ieir, a phan fyddent oddeutu tair blwydd oed, ac yn dechrau llacio yn eu dodwy, byddai yn rhoi tro yn eu gwddf, ac yn eu cymryd i'r farchnad. Ond oherwydd mai yr un nifer o wyau a gaem gan cobyn bob blwyddyn, byddai ei einioes ef yn cael ei arbed.

Dyna'r aderyn oedd yn clochdar i groesawu'r dydd newydd sbon a dywedir bod un o arwyr Groeg, pan oedd yn arwain ei fyddin i ymladd y Persiaid, wedi sylwi ar ddau geiliog yn ymladd ar ochr y ffordd. Ataliodd ei filwyr a thynnu eu sylw at yr adar ymladdgar oedd yn brwydro mor ddewr a phenderfynol gerllaw. Aeth y Groegiaid ymlaen a gorchfygu eu gelynion. I ddathlu'r fuddugoliaeth fawr cynhaliwyd gornestau ymladd ceiliogod yn Athen bob blwyddyn. Gwladgarwch a brwdfrydedd crefyddol oedd wrth wraidd y dathliadau ond yn fuan, hoffter o'r ysgarmesoedd oedd y prif symbyliad. Canlyniad hyn oedd fod y ceiliog wedi datblygu i fod yn symbol o iechyd da a ffrwythlondeb ac roedd y ffaith fod yr iâr yn dodwy cymaint o wyau hefyd yn gaffaeliad.

Yn y bymthegfed ganrif, dedfrydwyd ceiliog gan ustusiaid Basle i gael ei losgi i farwolaeth. Ei drosedd erchyll ac annaturiol oedd dodwy ŵy! Dewiswyd cyfreithiwr i gynrychioli'r ceiliog ac i'w amddiffyn gerbron y llys. Caed tudalennau lawer o ddadlau'r achos a dedfrydwyd y ceiliog i farwolaeth – nid am ei fod yn geiliog ond am ei fod yn swynwr neu'n gythraul ar ffurf ceiliog! Ceisiodd yr erlyniad brofi bod ŵy ceiliog yn amhrisiadwy ar gyfer rhai swynion ac y byddai'n well gan ddewin gael ŵy ceiliog na darganfod carreg hudol yr athronydd (*philosopher's stone*) hyd yn oed. Wrth gwrs, ŵy bychan a ddodwyir gan gywen pan fydd yn cychwyn dodwy yw ŵy ceiliog. Mewn gwledydd paganaidd, defnyddiai Satan wrachod i ddeori wyau o'r fath ac ohonynt y deuai'r anifeiliaid mwyaf niweidiol i Gristnogion a'u ffydd.

Spangled Bantams

Ieir Minorcas Du

Yn y nawfed ganrif, gorchmynnodd y Pab i geiliog y gwynt gael ei osod ar dŵr pob eglwys yn arwydd o deyrnasiad yr eglwys dros yr holl fyd.

Ieir Gold-Spangled Hamburghs

Ieir bantam

Ymladd Ceiliogod

Y pechod mwyaf wneir,
Rhoi hoelion dur ar gywion ieir.

Bydd ambell geiliog buarth yn troi'n ymosodol tuag at bobl. Un o'r rhain oedd clamp o geiliog coch Rhode Island Red ar fferm nid nepell o'm hen gartref. Arferai sefyll ar ben clawdd tua wyth troedfedd o uchder ar ochr y ffordd ger buarth y fferm. Roedd uchder y clawdd yn fantais fawr iddo wrth ymosod ar bobl ddiniwed a deithiai heibio. Byddai'n neidio i'r awyr cyn syrthio ar ysgwydd y person anffodus gan glochdar a churo'i adenydd a'i draed yn ymgripio fel crafangau eryr! Y sioc yn hytrach nag unrhyw ddolur oedd ei bechod gwaethaf ac er i lawer ymdrechu i ddysgu gwers iddo, nid oedd modd ei ddisgyblu. Droeon, cerddais heibio i'r clawdd a'i gyfarfod â'm dwrn ar ganol ei hedfaniad ond nid oedd dim yn tycio. Diwedd y ceiliog ymladdgar, anystywallt oedd popty cinio Sul!

Y duedd ymosodol hon oedd sylfaen difyrrwch creulon ymladd ceiliogod sydd yn anghyfreithlon yng ngwledydd Prydain ers dros gan mlynedd bellach. Heddiw, mae'n anodd i ni amgyffred pa mor bwysig oedd ymladd ceiliogod i'r hen Gymry yn yr oesoedd a fu. Nid i'n cenedl ni yn unig ychwaith; bu'r Groegiaid, y Rhufeiniaid a gwareiddiadau cynnar eraill yn ei arfer yn frwdfrydig. Cofnododd ysgrifennwr o'r cyfnod hwnnw ei gwynion am fod cymaint o ddynion yr oes yn gwario'u holl etifeddiaeth ar hapchwarae yn y gornestau ceiliogod. Ceisiwyd eu hatal droeon, ond ni lwyddwyd i wneud hynny tan y bedwaredd ganrif ar bymtheg.

Ddwy ganrif yn ôl, roedd ymladd ceiliogod yr un mor boblogaidd yng Nghymru ag yr oedd mewn rhannau o Loegr, a chofnodwyd bod gwŷr bonheddig sir Benfro wedi cystadlu yn erbyn gwŷr bonheddig Lloegr am dair blynedd yn olynol. Eithr nid hwyl i'r crach yn unig oedd ymladd ceiliogod – byddai'n apelio at bob haen o gymdeithas.

Cofnodwyd bod clytiau o dir yng Nghapel Celyn a elwid yn Glytiau'r Gwyddelod. Cawsant eu hennill mewn gornestau ymladd ceiliogod.

Ond nid unrhyw geiliogod tew o'r buarth oedd adar ymladdgar y gornestau ceiliogod. Dros y canrifoedd datblygwyd brid arbennig, sef y ceiliog gêm. Mae hwn yn aderyn sydd wedi ei fagu ar gyfer ymladd a lladd ceiliogod eraill, ac o gofio natur ymosodol y ceiliog cyffredin, llwyddwyd i hybu ac i gynyddu yr ochr honno o'i natur. Yn wir, cofnodwyd bod ceiliog o'r fath wedi ymlid a lladd llwynog oedd yn ymosod ar ei ieir!

Prif nodweddion corfforol ceiliog gêm yw pen cul a main, llygaid mawr, pig fachog, gref a gwddf hir. Dylai ei gorff fod yn fyr a chryno, ei fron yn llydan a'r cluniau'n dew a chaled. Yn olaf, roedd coesau hir a chryf a thraed llydan ynghyd â chrafangau hirion yn nodweddion

Ceiliog wedi'i 'dacluso' ar gyfer gornest

Pâr o geiliogod ymladd
(*Llun drwy garedigrwydd Amgueddfa Werin Cymru, Sain Ffagan*)

pwysig. Fe ddylai gario'i hun yn syth, ei gerddediad yn urddasol, ei adenydd fymryn ar agor ac ni ddylai bwyso mwy na phedwar pwys ac wyth owns. Ystyrid ei linach yn drwyadl ac roedd hynny yr un mor bwysig â phedigri ceffyl rasio ein dyddiau ni. Roedd lleoliad y llecyn magu yn dra phwysig hefyd ac fe ddylai fod o leiaf hanner milltir oddi wrth lecyn lle'r oedd ieir eraill yn cael eu magu. Gallai ceiliog cymydog grwydro draw a sathru eich ieir chwi a dyna andwyo purdeb eich llinach. Roedd coedwig neu goedlan gerllaw yn anfantais hefyd gan fod gwencïod a llwynogod yn llechu yno, yn barod i ymosod ar eich adar.

Roedd nant o ddŵr pur ar eich tir yn fantais fawr a'r arferiad oedd rhoi'r ceiliogod efo'r ieir ar ddechrau mis Chwefror ar gyfer y tymor magu, heb fwy na phedair iâr ar gyfer un ceiliog. Roedd hynny'n sicrhau bod gobaith y byddai'r holl wyau yn ffrwythlon. I osgoi cweryla, doeth fyddai sicrhau digon o flychau nythu ar gyfer yr holl ieir a pheidio gosod mwy na dwsin o wyau o dan un iâr. Defnyddid dulliau eithaf anwar i geisio darbwyllo iâr fu'n eistedd yn ddiweddar i aros ar nythaid newydd o wyau. Un ystryw oedd ei throi a'i throi yn gyflym i'w gwneud yn chwil a'i gosod i eistedd efo sach dros ei phen. I beri i iâr beidio eistedd, fe'i gosodid i eistedd ar bentwr o gerrig onglog o dan fwced yn y tywyllwch. Cofiaf fod y dulliau hyn yn cael eu defnyddio hyd at yn ddiweddar iawn yng nghefn gwlad. Dull arall o rwystro iâr rhag eistedd a'i chael yn ôl i ddodwy oedd lluchio bwcedi o ddŵr oer drosti, neu ei gosod i eistedd mewn llecyn gwyntog, oer.

Wrth gwrs, roedd cyfarwyddiadau o'r fath yn gyffredin i ieir y buarth yn ogystal ag i'r adar gêm, ac roedd yn bwysig fod bwyd a diod ar gael iddynt i gyd yn ystod y dydd. Annoeth fyddai bwydo gormod fin nos neu byddai'r bwyd yn siŵr o hudo llygod mawr a bach at y cwt ieir.

Yn ôl y farn gyffredinol, y cyfnod gorau i fagu cywion gêm oedd rhwng canol mis Mawrth a mis Mai. Cyfarwyddyd craff mewn hen lyfr ar y pwnc oedd i ddidoli'r cywion yn ôl eu rhyw cyn gynted â phosibl, ac wedi dewis y goreuon i'w cadw, lladd y cyfan o'r gweddill. Byddai hynny'n gofalu nad oedd cywion ar gael yn weddill i gyfeillion eu begera a'u defnyddio yn erbyn eich adar chwi mewn gornestau yn y dyfodol!

Roedd paratoi a bwydo'r ceiliogod gêm yn waith araf a gofalus. Cedwid pob ceiliog mewn corlan ar ei ben ei hun fel na allai weld y ceiliogod eraill, ond gallai eu clywed yn clochdar. Am dridiau byddai'n cael ei borthi ar fara gwyn a dŵr o nant loyw a phur. Roedd rhai dynion yn arbenigo mewn bwydo a pharatoi ceiliogod i ymladd ac roedd gan bawb ei rysáit ei hun. Ysywaeth, roedd tebygrwydd yn y cyfan ohonynt. Y nod oedd cael eich aderyn eich hun yn ysgafnach ond hefyd yn gryfach na'i wrthwynebwr.

Anelid hefyd at gadw asbri ymosodol y ceiliog a fyddai'n ei alluogi i oroesi a dal ati mewn gornest. Byddai ambell geiliog yn cael ei fwydo a'i hyfforddi am gyfnod o bum mis cyn ei ornest gyntaf! Cadw ei gryfder a'i ysbryd a'i gael yn ddof a hyderus drwy ymarfer a bwydo gofalus oedd y

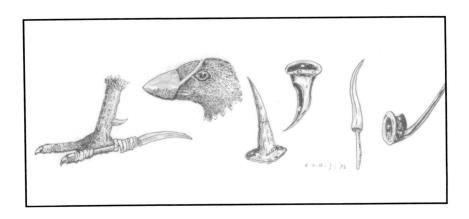

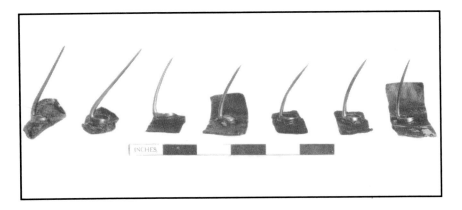

Sbardunau, penffrwynau a mwffleri ar gyfer gornestau
(*Lluniau drwy garedigrwydd Amgueddfa Werin Cymru, Sain Ffagan*)

nod.
Wele rysáit i fwydo ceiliogod (ar gyfer 6 aderyn):

Bara: 4 pwys o'r blawd gwyn gorau
12 gwynnwy a 4 melynwy
½ owns o had anis
½ owns o flodyn mam-gu *(clove gilliflower)*
1 owns o siwgr candi
½ owns o had llysiau'r bara *(coriander)*
½ owns o hadau carwy *(caraway)*
Ychwanegu digon o furum i'w ysgafnhau

Dŵr: 3 pheint o ddŵr nant wedi'i ferwi
1 lwmp o siwgr
Crystyn bara ceiliog wedi'i dostio (ychwaneger
i'r dŵr y noson cyn ei ddefnyddio)
Bore trannoeth, ychwanegu gwydraid o finegr
gwin gwyn.

Tua dwyflwydd oed fyddai ceiliog cyn ei ornest gyntaf a byddai pwyso, mesur a pharatoi gofalus cyn hynny. Ar derfyn pedair wythnos o fwydo a herio, byddai'r ffug ymladd yn cychwyn. I atal y ceiliogod rhag niweidio'i gilydd, gorchuddid eu sbardunau â darnau bychain o ledr meddal a adwaenid fel mwffler. I warchod y pen a'r grib fe'u gorchuddid â chwcwll o liain.

I ddilyn bob sesiwn boreol byddai cyfnod o chwysu wrth i'r hyfforddwr ddal unrhyw geiliog buarth cyffredin yn ei freichiau a herio'r ceiliog gêm. Byddai hwnnw'n cynddeiriogi ac yn 'chwysu' wrth geisio cyrraedd ac ymosod ar ei ffug elyn. Yna, ar ôl iddo flino'n llwyr, sbel arall o fwydo ar y bara ffansi. Parhâi'r ymarfer am rai wythnosau a byddai rhai yn galw am gymorth nerthoedd ysbrydol ar gyfer y gornestau. Wrth gwrs, credid fod eraill yn gwneud yr un ystryw ac yn witsio eich ceiliog arbennig chwi hefyd. Roedd triciau lu i geisio atal nerth rhaib y gelynion, megis bwydo'r ceiliog â phelenni o bridd cysegredig a grafwyd o dan allor yr eglwys! Byddai eraill yn ysgrifennu adnod ar ddarn bach o bapur a'i osod ar goes y ceiliog, neu ei fwydo â briwsion bara oddi ar y bwrdd cymun. Credent fod creiriau o'r fath yn gwneud y ceiliog yn anorchfygol.

Byddai perchenogion yr adar yn cytuno cyn yr ornest bod eu ceiliogod yn dra chyfartal o ran cryfder a phwysau. Yn dilyn y cytuno, byddent yn marcio'r adar i sicrhau nad oedd neb yn gallu eu newid cyn yr ornest.

Byddai dynion arbennig – y gosodwyr – yn rhoi'r ceiliogod i lawr yn y talwrn ac yn gofalu amdanynt yn ystod yr ornest, ac roedd dynion eraill yn bwydo ac yn paratoi'r adar.

Mewn ambell ardal, byddai gornestau yn digwydd ar dir ger yr eglwys neu hyd yn oed i mewn yn yr eglwys, a byddai ymryson ar y Sul

18

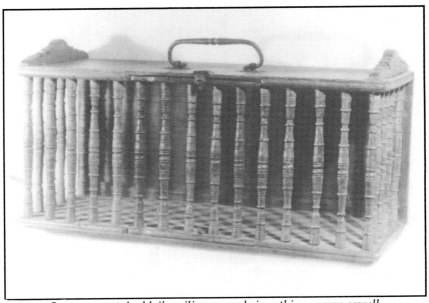

Cyn yr ornest, byddai'r ceiliog yn cael ei gaethiwo mewn cawell
i'w gynddeiriogi yn barod i ymladd
(*Llun drwy garedigrwydd Amgueddfa Werin Cymru, Sain Ffagan*)

Gornest mewn cocyn ymladd
(*Llun drwy garedigrwydd Amgueddfa Werin Cymru, Sain Ffagan*)

ac ar wyliau eglwysig yn digwydd yn aml. Gynt, roedd cerrig beddi'r mynwentydd yn llorweddol ac i'r dim i ymladd ceiliogod.

Yn wir, roedd ymladd ceiliogod yn boblogaidd mewn ysgolion hyd yn oed yn y cyfnod rhwng canol y ddeunawfed ganrif hyd at ganol y bedwaredd ganrif ar bymtheg. Cofnodwyd bod y disgyblion yn derbyn arian poced ychwanegol i brynu ceiliogod gêm yn arbennig ar gyfer gŵyl fawr Dydd Mawrth Ynyd. Yr athrawon fyddai'n trefnu'r cystadlu ac roedd cryn fantais iddynt wrth wneud hynny am mai hwy fyddai'n cael y ceiliogod marw!

Byddai'r perchenogion yn rhoi enwau ar y ceiliogod fel ag a wneir â cheffylau rasio heddiw, megis Brithgoch, Brithwyn a Llwydwyn.

I gael y ceiliog mewn cyflwr ymosodol ac ymladdgar cyn ei ryddhau yn y talwrn, fe'i porthid â gronynnau ŷd wedi eu trwytho mewn rỳm. Yna, cychwynnent ymladd wrth i'w traed gyffwrdd llawr y talwrn. Yn wir, nid oedd arnynt angen anogaeth ac fel arfer dim ond ychydig funudau fyddai'r ornest yn parhau. Gyda llaw, i ddal gafael ar y gwrthwynebydd, nid i anafu, y defnyddiai'r ceiliogod eu pigau. Gan amlaf, byddai cachgi – ceiliog a wrthodai ymladd – yn cael ei dagu yn y fan a'r lle gan ei berchennog.

Dywedwyd wrthyf bod perchennog stad Peniarth Uchaf ym Meirion wedi mynd yn fethdalwr am ei fod wedi gamblo'i eiddo a'i arian ar ymladd ceiliogod yn 1815. Mae'r talwrn i'w weld hyd heddiw o flaen plasty Peniarth Uchaf.

Gan fod talwrn Peniarth Uchaf ar ben bryncyn bychan, ni fyddai tyrfa fawr wedi gallu gwylio'r gornestau. Dywedir bod un aelod o deulu'r plas wedi gwirioni ar ymladd ceiliogod ac roedd gwraig leol yn gofalu am ei adar gêm. Er ei fod yn ddall, cofnodwyd ei fod yn gallu adnabod pob un o'i geiliogod drwy eu teimlo neu wrth glywed eu clochdar ac fe allai, er ei anabledd, ddilyn gornest yn y talwrn cystal â phawb arall!

Y talwrn

Pan oedd ymladd ceiliogod ar ei anterth, ceid cocyn ymladd ym mhob tref a phentref yng ngwledydd Prydain bron ac ambell dro defnyddid adeilad pwrpasol ar gyfer y gornestau. Ceir enghraifft wych o un ohonynt yn Amgueddfa Werin Cymru, Sain Ffagan – cocyn a achubwyd o dref Dinbych. Ysywaeth, yn yr awyr agored y ceid y mwyafrif o'r cocynau yng Nghymru. Canolbwynt y cocyn oedd cylch tua ugain troedfedd ar draws a chlawdd isel o'i gwmpas i atal yr adar rhag disgyn allan o'r cylch.

Sefyll neu eistedd oddi amgylch y cocyn fyddai'r gwylwyr a rhaid oedd torri'r gwair yn fyr er mwyn i bawb gael gweld yr adar yn ymladd. Yn aml, mewn ardaloedd gwasgaredig, cynhelid cystadlaethau lleol a byddai'r gorchfygwyr yn mynd ymlaen i'r ornest fawr ganolog.

Yr enw ar yr ornest oedd *main* ac roedd sawl math ohonynt. Y fwyaf poblogaidd oedd y *main* Gymreig. Byddai 32 o geiliogod mewn gornest

Talwrn Hawk and Buckle *o dref Dinbych a welir yn
Amgueddfa Werin Cymru, Sain Ffagan*
(Llun drwy garedigrwydd Amgueddfa Werin Cymru, Sain Ffagan)

Y cylch ymladd gyda seddau'r gwylwyr o'i gwmpas
(Llun drwy garedigrwydd Amgueddfa Werin Cymru, Sain Ffagan)

yn ymladd fesul pâr a'r gorchfygwyr, yn eu tro, yn cystadlu eilwaith a'r nifer yn lleihau fel hyn i wyth, pedwar, dau, gan adael un aderyn yn feistr ar y cyfan. Ambell dro, byddai'r adar yn ymladd hyd at farwolaeth neu weithiau byddai amser penodedig i bob gornest, ond ym mhob achos, roedd dyfarniad y barnwr yn derfynol; nid oedd modd i neb ddadlau ag ef. Un rheol bendant arall – nid oedd hawl gan neb i gyffwrdd â'i geiliog ar ôl ei osod i wynebu ei wrthwynebydd yn y cocyn.

Un o'r talyrnau enwocaf ym Meirion oedd Pant y Ceiliogod yng nghaeau'r Marian, Dolgellau, ond nid oes dim sy'n nodi'r safle heddiw. Un arall anarferol o fawr yn Nolgellau (hanner can troedfedd) oedd Talwrn Ffridd Nant y Gwyrddail ond nid oes dim o'i ôl yn y llecyn heddiw.

Yn Llangadfan, nid nepell o'r eglwys, ceir olion un talwrn a oedd yn mesur 66 troedfedd o hyd a chwe throedfedd o led. Arferid gwneud cylch bychan o frigau cerddin a'i roddi yn y talwrn. Tra ymladdai'r ceiliogod uwchben hwn, credid na fedrai swyn drwg eu niweidio nac amharu ar eu gwroldeb.

Cofnodir bod ymladd ceiliogod ar garped yr ystafell fwyta yn ddigwyddiad cyffredin ar ôl ciniawa yn nhai'r byddigion.

Dull o godi mwy fyth o awydd ymladd ar geiliog oedd rhoi iâr gyda'r ceiliog mewn cawell wedi ei rannu'n ddau ran â phartisiwn gwydr. Yn hanner yr iâr gosodid drych ac o'i ran ef o'r cawell byddai'r ceiliog yn gweld yr iâr â cheiliog arall (adlewyrchiad ohono'i hun). Byddai hynny'n siŵr o beri iddo gynddeiriogi yn barod i wynebu unrhyw wrthwynebydd yn y talwrn.

Yng nghofiant darluniadol y Parch Wiliam Williams o'r Wern, dywedir y 'Gwelir hyd heddiw hen safle *pit* ceiliogod heb fod nepell o gapel Penstryd', (Trawsfynydd).

Noda Hugh Owen fod traddodiad yn honni bod aelodau o deulu Wynniaid Peniarth yn arfer ymladd eu ceiliogod ar ben twmpathau pridd ger ochr y ffordd ym mhen uchaf Bwlch Tal-y-llyn.

Cofnodwyd yn llyfr William Davies, *Hanes Plwyf Llanegryn* (1948), bod ymladd ceiliogod mewn bri yn yr ardal honno gynt:

Trefnid ymladdfeydd ar ororau'r plwyfi a phlwyfi'r cylch. Ymleddid oddeutu'r Pymtheg a'r Clawdd-du â Phlwyf Celynin; a thua Hafoty Fach ag ochr Dolgellau. Cyfarfyddid â Machynlleth yn Abergynolwyn. Teithid weithiau cyn belled â Dinas Mawddwy. Ar wyliau Iau Dyrchafael, Llun y Pasg a'r Groglith y byddai miri'r ymladd yn ei anterth. Dywedir mai dyn dall (aelod o deulu Peniarth Uchaf) oedd prif gefnogwr chwarae cocyn yn Llanegryn am flynyddoedd meithion.

Am dalwrn Peniarth dywed:

Ceir morteisiau yn y cerrig at roddi math o reiliau o'i amgylch rhag i un o'r ceiliogod ddianc pan gollai'r dydd yn y frwydr. Yr oedd

Talwrn Hawk and Buckle, *Dinbych*
(Llun drwy garedigrwydd Amgueddfa Werin Cymru, Sain Ffagan)

Hapchwarae mewn gornest yn y Talwrn
(Llun drwy garedigrwydd Amgueddfa Werin Cymru, Sain Ffagan)

amryw bitiau (talyrnau) yn y ceunant, a cheid un ar Gae Gwyn yn agos i goed Peniarth.

Pitiau wedi eu cloddio yn y ddaear oeddynt fel rheol. Anodd yw canfod yr un ohonynt erbyn hyn. Ar ffridd Bredyn Fach y mae'r rhai amlycaf. Wele ddisgrifiad W. Ambrose Bebb (*Dial y Tir*) o effaith diwrnod cocio mawr ar ardal ac fe geisia egluro apêl y difyrrwch i bobl gyffredin yr oes:

. . . calonnau gwerin orthrymedig, sy'n dyheu am lygedyn bach o olau dydd i ddisgleirio ar eu llafur trwm a chaled. Dydd mawr yr holl ardal a'r ardaloedd cyfagos oedd hwnnw i fod, a dyfal yr edrychai hen ac ieuainc ymlaen ato. Nid oedd odid deulu cyfan yn y gymdogaeth ddiarffordd a chaeedig honno na pharatoai ar gyfer y diwrnod mawr. Y dydd Llun Pasg hwnnw ydoedd diwrnod Cocyn Llanbryn-mair . . . Ar ôl diwrnod o fugeilio blinderus, o droi a llyfnu, o gau a chloddio caled, dihangai blinder o'r corff pan welid cip ar geiliogod yn rhodresa ar y domen, neu'n sbarduno heibio i ddrws y stabal. Rhyfeddol oedd yr hyfrydwch a deimlid . . .

Cystadleuaeth arall oedd yr ornest frenhinol pan osodid nifer o geiliogod yn y cocyn gan roi rhyddid iddynt ymladd, lladd ac andwyo'i gilydd a gadael un ceiliog yn fuddugol. Roedd digon o gyfle i hapchwarae cyn ac yn ystod y gornestau. Yn y cyfnod pan ledaenai ymerodraeth Lloegr, ystyrid dewrder y ceiliogod gêm yn esiampl ragorol i'r cyhoedd. Ond daeth newid yn ei dro a'r betio, yr yfed a'r lladdfa waedlyd yn tynnu sylw diwygwyr moesol.

Yn 1835 gwelwyd deddf gwlad yn gwahardd ymladd ceiliogod, ond yn ddigon araf y daeth i ben mewn rhai ardaloedd diarffordd a dywedir bod gornestau dirgel yn cael eu cynnal hyd y dydd heddiw.

Yn rhyfeddol, o ystyried ei boblogrwydd, dim ond ychydig gofnodion sydd ar gael am ymladd ceiliogod am ei fod yn ddigwyddiad mor gyffredin ac yn rhan o fywyd beunyddiol y crach yn ogystal â'r werin bobl efallai. Ond yn siŵr i chi, nid oedd y twrw a'r cwrw yn plesio pawb. Nid creulondeb yr ymladd oedd yn gyfrifol am wahardd ymladd ceiliogod yn 1835, ond am fod y cyfarfodydd yn creu cymaint o gynnwrf, ymladd a lladrata.

Efallai na thynnwyd darlun gerwinach ohono nag yng nghân bardd y Nant – 'Y reglais o'r groglofft':

Ond oddi wrth eu sŵn ynfyd mai er i'r ystryd;
Ac ar ochor yr heol wele fagad o bobol,
Yn impirio'n barod ac ymladd ceiliogod,
Ac yn sefyll yn *rut* wrth y lle roedd y pit;
A rhai'n dechreu dyfod i handlo'u ceiliogod,
A'r lleill â llais uchel am *fetio* ar y fattel;
Ac yna'r gwŷr goreu'n rhegi ar eu gliniau,

24

Rhan o gylch Tomen y Mur – talwrn o gyfnod y Rhufeiniaid, efallai.

Talwrn Llangefni

A bloeddio'n llidiog, Diawl dyna ichwi geiliog!
A rhai yn lledu eu ceg, dweud, *Hold* chwarae teg;
Ac eraill yn betio, yn fawr iawn eu cyffro,
Ac yn rhegi ei gilydd, yn flinion aflonydd,
A rhai'n lled feddw, am ymladd yn arw;
Ac wrth frolio celwydd, a siarad atgasrwydd,
Roedd cynddrwg sŵn yma a chyda'r gwŷr hela;
Mi flinais yn aros pan aeth hi'n ddechreunos,
Rhag ofn cael fy anafu rhwng y diawl a'i deulu.

Yn aml, byddai gornestau yn cael eu cynnal dan do mewn ystafelloedd tai tafarn a thai preifat. Byddai ystafelloedd yn cael eu trefnu'n arbennig ar gyfer ymladd ceiliogod.

Fel y gwelsom, roedd y gornestau mor boblogaidd â gemau megis rygbi a phêl-droed yr oes hon, ac wele atgof o hyn mewn un arall o nofelau W. Ambrose Bebb, *Y Baradwys Bell*, a'r teulu yn y gegin ar fin nos o aeaf:

Stôl dri-throed i'r lleill i gyd. Pob un â'i orchwyl – y merched yn nyddu gyda'r dröell fach ac yn gwau sanau, y bechgyn yn turnio, gwneud rhaffau, llwyau pren, coes rhaw a phicfforch. Mam yn stofi edafedd â'i llaw, ac yn stofi straeon â'i thafod – am hen Ŵyl mabsantau ers talwm byd, am yr Wylnos a'r Siot claddedigaeth, am y Tylwyth Teg fyddai ar lechwedd y Newydd Fynyddog, ac am yr hen chwaraeon pan oedd hi'n hogen fach; ac am y cocyn enwog a fu yn Llanbryn-mair yn 1795, pan drechodd ceiliog Sion yr Eunych o Aberhosan holl geiliogod y cwmpasoedd. Felly y dônt o dro i dro, a'r plant yn galw . . . 'dowch eto, Nain!' ac yn gorfoleddu mewn rhyw hen chwedlau a champau ofergoelus o'r fath.

Cawsom gipolwg ar ddylanwad ymladd ceiliogod ar y werin bobl, ond sut ddiwrnod o sbort a gâi'r uchelwr cefnog? I'r ariannog, gallai pob diwrnod o'r wythnos fod yn llawn pleser. Wele'r dyfyniad isod o ddyddiadur William Bulkeley, sgweiar a dyddiadurwr o Frynddu, Môn (o'r cyfnod 1734-1760):

Mehefin 4: Chwythai'r gwynt o'r de-orllewin, a bu'n oer iawn drwy'r bore; cynhaliwyd gornest cwoits fore heddiw yn Llanfechell rhwng tri o Gaerdegog a thri o Lawr y Llan, a phobl Llandegog a orfu. Bûm draw i'r ymladd ceiliogod yn Llandyfrydog tua deg o'r gloch, cystadleuaeth am wyth llwy arian, a gwir werth pob llwy oedd 14 swllt. Gosododd pob ymgeisydd 15 swllt 6 cheiniog, a byddai enillydd brwydr yn hawlio un llwy. Am ennill dwy frwydr, hawliai ddwy lwy, (hynny yw, llwy ar gyfer pob gornest). Roedd dwy lwy ychwanegol ar gyfer y drydedd frwydr. Fi enillodd y frwydr gyntaf, ac felly cefais lwy, a chan fod William

26

TO BE FOUGHT,

On Easter Tuesday at Castleford,

A Welch Main,

By Sixteen Cocks, for an Eight Days Clock with
a Mahogany Case, Value

Nine Guineas,

Stags allowed 1 oz. and Blinkards 2 oz. each Cock to stake 1 Gui-
nea, the Winner to have the Prize, paying 2 Guineas, the Second
best to have 3 Guineas, the two Thirds One Guinea and a half each,
and the four Fourths 15 Shillings and 9 Pence each.

☞ The Cocks to be taken into Pens on Saturday the 6th. of April.

₊ To Weigh precisely at 11 o'Clock on the Day of Fighting.

¶ Fed Gratis by Henry Osman.

N. B. Any Person chusing to feed his own Cock must be
the Scale at the Time appointed.

March, 27. 1805.

Hysbyseb ar gyfer un o'r gornestau ymladd ceiliogod Cymreig
(Llun drwy garedigrwydd Amgueddfa Werin Cymru, Sain Ffagan)

Hughes, Person Llantrisant wedi ennill brwydr arall, cytunasom i rannu'r ysbail, a chan fod ef wedi cael y wobr, roedd ganddo dair llwy i rannu rhwng y ddau ohonom. Felly cefais ddwy lwy a saith swllt fel fy rhan i. Er ei fod yn golygu fy mod yn talu deuswllt am wasanaeth cyffredin ac anghyffredin i'r ceiliogod, a deuswllt a chwe cheiniog arall i Owen Warmingham am fwydo fy ngheiliogod. Er hynny, dychwelais adref efo dwy lwy, wedi talu'r dyledion o wyth swllt, ac wedi ennill chwech neu saith swllt ar y betio. Dychwelais adref rhwng 9 a 10 y nos.

Os ymladd wnei'n gefnog nes lladd dy gyd-geiliog,
Enilli chwe cheiniog neu chwaneg.
O'r ceiliog coch siriol, ymleddaist yn wrol,
Fe ddylid dy ganmol yn freiniol drwy'r fro,
Enillaist y cocyn drwy nerth dy ddau erfyn,
Da gwnaethost, aderyn, ymdaro.

Ardal enwog arall am ymladd ceiliogod oedd cylch y Bala a chofnodwyd hynny mewn pennill gan ŵr o'r enw David Samwell yn 1791:

Some from the bogs their journeys take,
And Corwen's rugged rocks;
Some from the banks of Tegid's lake,
Fam'd Bala's dunghill cocks.

Talwrn adnabyddus yno oedd Craigyronwy, tua mil o droedfeddi ar lethrau'r Arenig Fach, oddeutu pum milltir o'r Bala. Yn ei lyfr *Echoes of Old Merioneth*, mae'r awdur Hugh J. Owen yn crybwyll hyn ac yn methu dirnad pam roedd rhai o'r hen dalyrnau mewn llecynnau mor ddiarffordd ac yn boblogaidd ymhell cyn i waharddiad wneud y gornestau yn anghyfreithlon? Awgrymwyd bod y talyrnau cerrig ar lwybr y porthmyn uwchben Dyffryn Ardudwy yn cael eu defnyddio ganddynt fel corlannau bychan.

Pan ymwelodd y diwygiwr enwog y Parch Howell Harris â'r Bala, pregethodd yn erbyn y talyrnau a bu cryn wrthdystio a bygythion yn ei erbyn.

Dull anwar arall o gael hwyl oedd gosod yr aderyn – ceiliog neu iâr gan amlaf – mewn llestr pridd a wnaed yn arbennig ar gyfer y chware, gyda'i ben a'i gynffon yn dod allan y naill ochr a'r llall. Yna, crogid y llestr gyda'r aderyn yn gaeth ynddo yr ochr arall i'r ffordd, tua deuddeg i bedair troedfedd ar ddeg o'r llawr. Y gamp oedd bwrw carreg, ffon neu belen drom i falu'r llestr a rhyddhau'r aderyn. Y gost oedd dwy geiniog am bedwar cynnig a byddai'r sawl a lwyddai yn cael y ceiliog.

Cofnodwyd bod tylluan wedi'i chaethiwo mewn llestr o'r fath yn swydd Norfolk, a phen a chynffon ceiliog marw wedi eu gosod y naill ochr i guddio'r dylluan. Ar ôl sawl cynnig, llwyddodd labrwr lleol i

Talwrn yn nhref Conwy
(Llun drwy garedigrwydd Amgueddfa
Werin Cymru, Sain Ffagan)

Talwrn y Trallwng

Olion talwrn Peniarth Uchaf

29

dorri'r llestr pridd a mawr oedd ei syndod pan chwalodd, a'r dylluan, ei wobr, yn hedfan ymaith! Ceir cyfeiriad at y chwarae hwn yn y Bala yn y cofnodion sy'n adrodd hanes bywyd cymeriad rhyfeddol o'r enw Enoch Evans, pregethwr gyda'r Methodistiaid Calfinaidd. Roedd Enoch yn hoff iawn o natur; ymddiddorai'n arbennig mewn adar a chofnodwyd bod ganddo 'lonaid tŷ ohonynt bob amser'. Yn aml, bu raid troi oedfa Sul yn gyfarfod gweddi oherwydd bod y pregethwr 'yn gwylied symudiadau y falwoden yn mynd i ben ei thaith; yr oedd yr oedfa drosodd cyn i'r pregethwr gyrraedd y capel!' Cofnododd Z. Mather yn ei lyfr *Pregethwyr Hynod* (1904) fod,

> . . . camp hynod mewn bri yn y Bala yn amser Enoch Evans. Ar amser neilltuol crogid llestr pridd yn cynnwys cyw iâr wrth gangen un o'r coed sydd yn tyfu wrth ochr y brif heol, a'r neb lwyddai gyda darn o braff-bren i'r pwrpas, i daro a thorri y llestr, fyddai wedi ennill y gamp, ac yn meddu'r hawl i'r cyw. Un tro yn ystod cyffro a berw yr ymdrech, tra oedd y naill ar ôl y llall yn gwneud ymgais aflwyddiannus, dacw Enoch Evans yn ymwthio drwy'r dorf edrychwyr, gyda phraff-bren yn ei law, pryd y dywedai rhai o'r edrychwyr wrth ei gilydd, dan wenu, 'Dyna Enoch Evans yn mynd i drio.' Ar ôl eiliad o sefydlu ei lygaid ar y llestr pridd, ac ysgwyd y praff-bren yn ei law, taflodd ef gydag ynni a llwyddodd yn ei amcan, pan yng nghanol bonllefau cymeradwyol y dorf, disgynnodd y llestr yn ddarnau ar yr heol a'r cyw yn eu canol.
>
> Pan oedd efe yn plygu i'w gyfodi dywedodd hen frawd duwiol oedd yn sefyll gerllaw gydag ochenaid drom, 'Yr ydw i'n rhyfeddu atoch chwi, Enoch Evans, sydd yn aelod eglwysig a phregethwr yr efengyl, yn cymeryd rhan mewn chwaraeon gwasgaw fel hyn! 'Y fi biau'r cyw!' meddai Enoch gan ei osod o dan ei gesail, gyda'i lygaid yn disgleirio mewn mwynhad am iddo lwyddo i ennill y gamp.'

Ceir mwy o sôn am gefnogaeth y pregethwr yn llyfr Erfyl Fychan, *Bywyd Cymdeithasol Cymru* (1931):

> Ceir cerdd yn adrodd fel y bu i beriglor Llanarmon Dyffryn Ceiriog farw ar dalwrn-frad ceiliogod, neu y *cock-pit*. Dywedodd Mr Evan Blainey, Llangadfan, (sydd dros bedwar ugain oed) wrthyf ei fod ef pan oedd yn fachgen wedi clywed y clochydd yn adrodd fel y byddai tad hwnnw yn cyhoeddi: 'Bydd ymladd ceiliogod am hanner awr wedi dau, ac mae ein parchus offeiriad yn rhoddi chwart o gwrw wrth droed ceiliog Dafydd Ty'n Ffridd.' Gwneid hyn o ben wal y fynwent ar ôl gwasanaeth y bore. Yr oedd Sir Fôn yn enwog am ei cheiliogod a bernid hwy yn oreuon y wlad. Ni ellir dywedyd ym mha le y cedwid y ceiliogod tra byddai eu

perchenogion yn yr eglwys, ond dywedir ar lafar gwlad i John Eleias fod yn pregethu yn Llanerfyl ac yr oedd gwŷr yn y gynulleidfa â cheiliogod dan eu cesail.

Fersiwn arall o'r chwarae oedd bwrw peli plwm at fodelau plwm – modelau o adar, anifeiliaid neu bobl, ac i wneud y gamp yn anos, gosodid stanciau llorweddol i atal y model rhag disgyn drosodd. Ni chaniateid i'r stanciau fod yn hwy nag uchder y targed. Dibynnai'r pellter ar bwysau'r bêl a gwerth y ceiliog. Y wobr oedd y targed plwm ac o fethu, byddai'r bêl yn cael ei cholli.

Amrywiaeth arall ar y chwarae oedd cystadleuaeth rhwng dau fachgen. Byddent yn wynebu ei gilydd ac yn sefyll y tu ôl i'w ceiliogod i fwrw'u peli. Fel chwaraeon plant eraill yn yr amser a fu, roedd gan y difyrrwch hwn ei dymor – pan gynhesid tanau yn yr hydref – a chofnodwyd bod llawer o blatiau piwter a jygiau cwrw yn cael eu toddi i greu peli a cheiliogod plwm!

Y wobr a gafodd enillydd gornest yng Nghorwen yn 1722 oedd mochyn gwerth ugain swllt.

Er bod ymladd ceiliogod wedi ei wahardd ers ymhell dros gan mlynedd erbyn hyn, erys diddordeb mawr mewn arddangos gwahanol fridiau o ieir, a cheiliogod wrth gwrs.

Erbyn hyn, mae Clwb Ieir Prydain (*Poultry Club of Great Britain*) yn 119 mlwydd oed, ac ychydig flynyddoedd yn ôl (1975) sefydlwyd Ymddiriedolaeth Adar Dof ger Evesham, Caerwrangon. Amcan yr ail sefydliad yw achub yr hen fridiau traddodiadol sy'n cael eu hanwybyddu gan fridiwyr masnachol – bridiau sydd ymron â darfod o'r tir.

Yn yr hen ornestau ymladd ceiliogod, lladd y gwrthwynebydd oedd y nod, ond yn y sioeau heddiw anelir at gyflwyno aderyn sy'n enghraifft ragorol o'r brid. Mae tua 130 o fridiau gwahanol i ddewis ohonynt ac nid yw'r costau cychwynnol yn afresymol. Tua phedair punt am hanner dwsin o wyau, a phris oedolyn – iâr neu geiliog – oddeutu £45.00. Tybed oes 'na aderyn harddach na cheiliog yn ei holl ogoniant?

Ar Ebrill 23, 1784, cyhuddwyd Robert Owen, labrwr o blwyf Llaneuddwyn, o ddwyn ceiliog ymladd o liw *cuckow* disglair â nam ar ei ael dde. Evan Lloyd Vaughan oedd y perchennog. Fe gafwyd Robert Owen yn euog ond ni chofnodwyd beth oedd dedfryd y llys.

Wedi darfod o'r tir?

Mae adroddiadau mewn papurau dyddiol cyfoes yn profi bod rhai hen arferion anwar yn parhau'n fyw yng nghefn gwlad hyd heddiw. Wele adroddiad o'r *Daily Post* (Mawrth 20, 1995) sy'n brawf o hynny:

Arestiwyd tri dyn ddoe o ganlyniad i gyrch gan yr heddlu a swyddogion yr R.S.P.C.A. ar loches ymladd ceiliogod yng ngogledd-ddwyrain Lloegr. I'w ddiogelu, cludwyd bachgen wyth

31

mlwydd oed i'r ddalfa – mab un o'r dynion yn y llecyn. Digwyddodd hyn mewn sied bren ar lain o dir garddio yn ardal Kelloe, sir Durham (hen ardal lofaol) ar ôl i'r R.S.P.C.A. dderbyn gwybodaeth am y cyfarfod dirgel.

Anfonwyd cyrff pedwar ar ddeg o geiliogod i filfeddyg eu harchwilio'n drwyadl. Cafwyd yno ddeugain o geiliogod byw hefyd, ynghyd ag offer, yn cynnwys sbardunau, clorian a bwrdd yn rhestru enwau'r adar, eu pwysau a'u safle yn y rhestr betio.

Eglurodd siaradwr ar ran y gymdeithas mai dyma'r tro cyntaf ers 1985 iddynt gynnal cyrch o'r fath. Dywedodd hefyd fod y sbardunau'n cael eu clymu wrth draed y ceiliogod ac y byddent yn ymladd hyd at farwolaeth. Gan amlaf, byddai'r enillydd hefyd yn marw oherwydd ei glwyfau. Yn anffodus, credwn fod cyrchoedd ymladd o'r fath yn digwydd ledled y wlad bob penwythnos.

Ar Ebrill 10, 1995, gwelwyd yr adroddiad hwn:

Rhwystrwyd gornest ymladd ceiliogod ddoe pan ruthrodd yr heddlu a swyddogion yr R.S.P.C.A. i lecyn gwersylla pobl deithiol ar safle carafanau yr awdurdod lleol yn Jenningtree Way ger Frith yn ne-ddwyrain Llundain.

Gan fod y cyfan mor gyfrinachol, mae'n anodd cael gwybodaeth fanwl am y cyfarfodydd.

Yn lliwio'r iaith (enghreifftiau yn unig)

A ddwg ŵy a ddwg fwy.
A ddygo'r ŵy a ddwg yr iâr.
Ara deg mae dal iâr, gwyllt gynddeiriog mae dal ceiliog.
Annoeth ydi byw yng nghlyw ceiliog y plas.

Bach y nyth.
Brecwast chwadan.

Caniad ceiliog.
Cawr pob ceiliog yn ei libart ei hun.
Ceiliog dandi.
Ceiliog gwynt.
Ceiliog wedi canu wrth ddrws y ffrynt.
Ceiliog y colegau.
Clagwydd blwydd a gŵydd canmlwydd.
Clwcian fel iâr.
Cogor iâr yr ydlan.
Croen gŵydd.
Cyfraith yr iâr a'r mynawyd.
Cyfrif y cywion yn y cibau.
Cyn goched â chrib ceiliog.

Safle talwrn Maes y Gwaed ger eglwys Llanystumdwy. Gellid cerdded drwy'r fynwent i'r dafarn ac i'r 'maes'. Yn ddiweddar, codwyd bynglo ar y tir.

Byddai pob haen o gymdeithas yn hapchwarae wrth ymladd ceiliogod
(Llun drwy garedigrwydd Amgueddfa Werin Cymru, Sain Ffagan)

Cyw a fager yn uffern, yn uffern y myn fod.
Cyw gwaelod y nyth.
Cyw gwyllt.
Cyw melyn olaf.
Cyw o frid.
Cyw o'r un nyth.
Cyw tin y nyth.

Diflannodd fel iâr i ddodwy.

Fel ceiliog yn cerdded mewn eira.
Fel dŵr ar gefn hwyaden.
Fel hwyaden ar dir sych
Fel iâr ag un cyw.
Fel iâr ar ben tomen.
Fel iâr ar y glaw.
Fel iâr glwc.
Fel iâr siagan.
Fel iâr tan badell.
Fel iâr yn crafu.
Fel iâr yn gori.
Fel iâr yn sengi ar farwor.

Gwynt i oen a haul i gyw gŵydd.
Gŵyr y cadno'n ddigon da p'le mae'r gwyddau'n lletya.
Gyrru hwyaid i gyrchu'r gwyddau o'r dŵr.

Hoff gan hwyaid y dŵr.
Hy pob ceiliog ar ei domen.

Ieir yn pigo'u plu o flaen glaw.

Lladd â phluen.
Lladd yr iâr a cholli'r cywion.
Lle crafa'r iâr y piga'r cyw.

Mae gwaed y ceiliog yn y cyw.
Mae gŵydd yn cuddio ei hwyau.
Mae hi'n fis clagwydd arno.
Mae natur y cyw yn y cawl.
Mi gei di geiliog os ca' i ŵy.
Mor brin â dannedd iâr.
Mor ddi-les â halen i iâr.
Mor ddireol â cheiliog gwynt.
Mynnu'r ŵy ar iâr.

Ni saif gwlith ar gefn ceiliogwydd.
Nid budr ond hwyad.
Nid yw gŵydd fras yn hedfan ymhell.

Pan bregetha'r llwynog, cadwed pawb ei wyddau.
Pilio ŵy cyn ei bobi.
Pluo ei wely ei hun.
Po ddicaf y bo'r ceiliog, cyntaf y cân.

Rhaid wrth geiliog glân i ganu.
Rhan y gwas o gig yr iâr.
Rhy aflonydd i roi wyau dani i ori!

Traed hwyad.
Trefn iâr ddu.
Teithi pob aderyn byw, dodwy a gori.
Teithi'r ceiliog, canu a chocwyo.

Wedi cael torri'i grib.
Wedi eistedd ar ŵy gorllyd (clonc) yn rhy hir.
Wedi mynd i glwydo'n gynnar.
Wedi mynd yn gocyn glân.

Y gwyddau yn y ceirch.
Yn crynu fel cyw mewn dwrn.
Yn chwythu fel gŵydd fach.
Yn rhedeg fel ceiliog wedi torri'i ben.
Ympryd y ceiliog ar y tŵr gwenith.
Ympryd yr iâr yn yr ysgubor.

Rhigwm:

> Gŵydd o flaen gŵydd
>   Gŵydd ar ôl gŵydd,
> A rhwng pob dwy ŵydd, gŵydd –
>   Sawl gŵydd oedd yno?

Ateb: Tair.

Bwrw eira:
> Hen wraig yn pluo gwyddau,
> Daw yn fuan dyddiau'r gwyliau.

Ysgolhaig yn trafod ieir

('Druan o'r Iâr', gan y diweddar Bedwyr Lewis Jones, *Llafar Gwlad*, rhif 11, gwanwyn 1986.)

Hen iâr medden ni gan gyfeirio yn amlach na pheidio at ddyn ac yn benodol at ryw greadur o ddyn llipa, ffyslyd, da-i-ddim. Druan o'r iâr! Ac yn wir, erbyn meddwl, golwg digon anffafriol a ddyry dywediadau llafar o ieir.

'Rwyt ti *fel iâr yn gori*' meddir wrth rywun sy'n afradu amser yn ddiafael yn lle dygnu arni gyda'i dasg. *Fel iâr ar ben domen* meddir wedyn yn yr hen Sir Gâr am berson sy'n flêr a thrwsgl yn mynd ynglŷn â jobyn o waith. Os mynnwch chi ddweud bod rhywun yn edrych yn arbennig o ddigalon a thrist gallwch ddweud ei fod – neu ei bod – *fel iâr dan badell* neu *fel iâr ar y glaw*. Mae ieir yn edrych yn llipa a thruenus sobor yn y glaw, mae'n wir, yn gymaint felly nes rhoi bod i hen ddihareb yn Gymraeg, 'na werth mo'th iâr ar y glaw'.

Mynd fel iâr i ddodwy neu *mynd fel iâr i ori* yw sleifio ymaith o blith cwmni yn sydyn a braidd yn slei – rhyw fynd heb i neb sylwi. Mae yna awgrym o ymddwyn yn llechwraidd yn y dweud. Wrth gwrs, llithro ymaith yn slei bach y byddai iâr oedd yn dodwy ac yn gori allan – yn y dyddiau rheiny pan oedd ieir yn rhydd. Gallech chwithau chwilio a chwalu am ei nyth am allan o hydion heb ddod o hyd iddo. Yna, un diwrnod, fe laniai'r iâr yn y cowrt neu'r buarth a chyw neu ddau wrth ei thraed. Cyfeirio at yr arfer yma yr oedd hen wraig o Lŷn a ddywedodd wrthyf mai *gori allan* wnaeth mam Hwn-a-hwn: wedi cael plentyn cyn priodi yr oedd. Ar ôl cael y plentyn roedd yn gorofalu'n ffwdanus amdano – *fel iâr ag un cyw*.

Fel iâr yn sengi ar farwor meddai'r Bardd Cwsg wrth ei ddisgrifio'i hun yn nesáu'n araf at dwmpath y Tylwyth Teg ar ddechrau ei Weledigaethau. Mae'r dywediad yn para'n gyffredin ar lafar i ddisgrifio rhywun yn symud yn ochelgar ofalus ar flaenau'r traed. Gyda llaw, *mynd fel iâr yn cerdded ar farwor tân* oedd ffurf ardal Bangor ar y dweud hwn.

Llai cyffredin yw *fel iâr ar eira* – neu *fel giâr ar eira* a bod yn gysáct. Fe'i clywais gan un o ardal Crymych i ddisgrifio rhywun yn neidio o gwmpas yn aflonydd heb wybod beth nesaf i'w wneud. *Fel iâr ar ei hurddas* meddai T. Rowland Hughes wrth ddisgrifio'r hen ferch Rosie Hughes yn brysio'n fân ac yn fuan – ac yn biwis – allan o'r capel, yn *O Law i Law*, am fod Twm Twm y trempyn wedi taro i mewn i'r oedfa. *Fel iâr ar ei hurddas* – un o ddywediadau ardal Llanberis, mae'n siŵr gen i, am rywun yn cerdded yn neis.

Fel Iâr Ffrainc meddir ym Mhenllyn am ddynes flêr iawn. Fel *iâr siagan* ebe pobl Llŷn. Ond clywed disgrifio rhywun â'i gwallt am ben ei dannedd *fel iâr fflegan* a wnes i ym Môn. *Iâr Ffrainc, iâr siagan, iâr fflegan,* – sut fath o iâr yw honno, ys gwn i? Iâr â'i phlu'n troi at allan yn groes ac yn flêr i gyd, meddir i mi.

Coelion, Arferion ac Ofergoelion

Gan fod y ceiliog a'r iâr yn rhan o grefydd a chredoau pobl ers cymaint o flynyddoedd, nid yw'n syndod fod galluoedd cyfrin yn cael eu priodoli iddynt a bod yr adar hyn wedi eu gwau i feddyginiaethau, chwedlau a defodau crefyddol.

Defnyddiai'r Rhufeiniaid ieir cysegredig i ddarogan y dyfodol. Gwneid hyn drwy farcio cylch ar y ddaear, gosod llythrennau'r wyddor ar ei ymylon ynghŷd â gronynnau o ŷd. Yna, gollyngid yr iâr i'r cylch i fwydo ac oddi wrth y 'neges' a bigai o'r llythrennau, byddai'r offeiriad yn proffwydo'r dyfodol!

'Wyau bob munud ar Ddydd Mawrth Ynyd.' (Ystyr Ynyd yw dechreuad, y dydd agosaf at y Grawys, dechreuad y Grawys.) Mewn rhai ardaloedd, byddai'n arferiad gan y plwyfolion i roi wyau'n anrheg i'w hoffeiriad, a hynny'n addas iawn ar gyfer gŵyl y Pasg gan fod wyau'n cael eu cyfri'n symbol o ffrwythlondeb. Hefyd, ystyrid wyau wedi'u bendithio gan offeiriad yn rhoddion cysegredig i unrhyw un. Arferiad arall mewn llawer ardal oedd clapio am wyau a byddai'r plant yn galw heibio gan ynganu, 'Clap, clap, gofyn ŵy, i hogia bach ar y plwy,' ac ysgwyd clapar pren. Dywedir y byddai ambell blentyn yn casglu dros ddeugain o wyau yn ardal Amlwch.

Ar ddydd Llun y Pasg roeddem ninnau'n arfer mynd i glapio wyau, ond nid i bob man gan fod gennym ieir gartref. Clap o waith cartref oedd gennym. Yr oedd tri thafod iddo – dau hir, rhyw ddwy fodfedd wrth dair, a'r trydydd yn y canol, digon o hyd i afael ynddo. Os nad oedd gennyf glap, gwnâi dwy garreg y tro.

Mewn rhai plwyfi, rhyw wythnos cyn y Pasg, y clochydd fyddai'n galw yn nhai'r plwyfolion a byddai eu cyfraniadau'n amrywio – un ŵy efallai gan y tlodion a hanner dwsin gan y bobl gefnog. Clywais ddywedyd mai rhan o ddâl y clochydd am ofalu am fynwent y plwyf oedd yr wyau.

Hen arferiad gwerinol ar fore Dydd Mawrth Ynyd oedd gwneud crempogau, ac felly roedd galw mawr am wyau. Druan o'r iâr os methai â dodwy cyn hanner dydd. Fe'i cludid i gae gwelltog, codi tywarchen, tyllu, a'i chladdu at ei gwddf. Wedi gosod cadach dros ei llygaid, byddai cyfle i unrhyw un luchio ffon ati a'r sawl a lwyddai i'w tharo fyddai perchennog newydd yr iâr. Yna, drannoeth, fe'i lleddid, ei choginio a'i bwyta'n seremonïol.

Cewch iâr ynyd gribgoch lân,
A llwyth o fawn i gadw'ch tân.

Ar y diwrnod arbennig hwn, byddai plant rhai ardaloedd yn galw i gasglu blawd ar gyfer gwneud crempogau, a byddai ymladd ceiliogod a lluchio at geiliogod hefyd. Hynny yw, byddai'r ceiliog wedi'i glymu wrth dennyn a phobl yn talu dwy geiniog am luchio ffon deirgwaith at yr aderyn druan. Os gallai rhywun daro'r ceiliog a chael gafael arno cyn iddo godi ar ei draed, ef oedd y perchennog newydd. Cofiwch, fe arferai perchennog y ceiliog roi digon o ymarfer iddo ddysgu osgoi ffyn cyn y diwrnod mawr!

Y gosb am werthu wyau drwg yn yr Oesoedd Canol oedd cael eich rhoi yn y cyffion (*stocks*) a rhyddid i blant eich llabyddio â'r wyau drwg!

Drwy'r canrifoedd, bu'n cyndadau yn bwyta adar dof yn ogystal ag adar gwyllt. Gan fod adar buarth ar gael drwy gydol y flwyddyn, gellid eu bwyta pan oedd y tywydd yn anffafriol i hela adar gwyllt.

Dull paratoi ceiliog neu ŵydd ar gyfer gwledd oedd llenwi'r aderyn â chymysgedd o berlysiau, bloneg mochyn neu siwet dafad a photes ffres yn ogystal ag wyau wedi ei berwi'n galed. Roedd ynddo hefyd saffrwm, clofs, halen a phupur, sunsur, nionod a grawnwin, a'r gymysgedd yn cael ei gwthio i gorff yr aderyn cyn ei rostio. Yn ei lyfr *Bwyd y Beirdd*, disgrifia Enid Roberts ddull arall o goginio gŵydd, sef torri'r cig yn ddarnau hwylus a'u berwi. Yna, ychwanegu bara wedi'i losgi neu waed wedi'i ferwi i'w dewychu, ac wrth gwrs, ychwanegu halen a phupur, sunsur a chwmin. Eu cymysgu â chwrw a nionod wedi eu torri'n fân, yna'u ffrio.

Roedd paun yn cael triniaeth wahanol: blingo'r aderyn yn ofalus, rhostio'r corff fel petai'n eistedd ac wedi iddo oeri, rhoi'r croen a phlu'r gynffon yn ôl ar y corff.

Wrth gwrs, bwyd y plasau oedd yr enghreifftiau uchod. Roedd bwyd y werin yn llawer symlach a thlotach. Yn y ddeunawfed ganrif, cwynodd Lewis Morris fod gwobrwyo a thalu am gynaeafu'r ŷd yn costio'n ddrud iddo. Cofnododd y bwyd ar gyfer y dynion fu'n medi. Yn gyntaf, brecwast o fara a chaws, llaeth enwyn a maidd. Cinio o lymru, llefrith a bara ymenyn ac i swper – y prif bryd – llond padell o gig dafad a chig eidion efo *arage*, tatws a photas. Y pwdin oedd *wheaten flour*, tua ugain galwyn o gwrw ddiod fain ac ugain galwyn o gwrw.

Yn ei ateb, crybwyllodd Richard Morris ei fod yn cofio dathliadau cyffelyb ym Môn pan oedd stwnsh tatws a maip, bara ceirch a maidd yn rhan o'r pryd.

Lwc ac Anlwc

Ceir nifer dda o ddywediadau a rhigymau sy'n gysylltiedig ag adar – adar buarth yn ogystal ag adar gwyllt. Yr amlycaf o adar dof y buarth yw'r ceiliog cyffredin a hen ddywediad oedd 'cadw ci i yrru pobl ymaith a chadw ceiliog i gadw ysbrydion drwg draw'. O wneud hynny, byddai stoc y fferm yn ffynnu ac yn pesgi. Byddai'n arferiad mewn rhannau o Brydain ar un cyfnod i waedu'r felin ar y degfed o Dachwedd. Byddai'r melinydd yn lladd ceiliog ac yn lluchio'i waed yma ac acw ar y peirianwaith – ar yr olwyn, ar y cerrig ac ar bob rhan bwysig o'r adeilad.

Iâr yn magu ci

Y llwynog coch wedi dal ei ysglyfaeth

Drwy wneud hynny, byddai'n diogelu'i hun rhag damweiniau yn ystod y flwyddyn i ddod.

Un o'r storïau doniolaf a glywais oedd yr hanes fod Duw wedi anfon ei geiliog i lawr i'r ddaear i weld a oedd popeth yn drefnus yma, gan ei rybuddio i beidio ag aros yn hir. Ond dechreuodd y ceiliog grwydro a mwynhau ei hun, ac wedi cyrraedd buarth fferm (llawn o ieir mae'n bur debyg!) anghofiodd bopeth am y gorchymyn a gafodd. Aeth amser maith heibio a phan gofiodd ei ddyletswydd roedd wedi anghofio sut i hedfan. Ni lwyddodd i hedfan yn uchel byth wedyn ac yma y mae hyd heddiw! Felly, pan welwch geiliog yn canu, sylwch ei fod yn neidio ac yn sgrytian ei adenydd bob tro, yn ymdrechu ei orau glas i hedfan a dychwelyd i'r nefoedd. Enghraifft wych, gredwn i, o ddynion cyntefig yn ceisio egluro rhywbeth nad oeddent yn ei ddeall.

Roedd ambell gyfarwyddyd yn hollol bendant a'r bygythiad yn peri arswyd ynddo'i hun:

Na chadw byth o gylch dy dŷ
Na cheiliog gwyn na chath ddu.

Petaech yn clywed caniad ceiliog yn ystod oriau'r nos, cyn tri o'r gloch y bore, byddai anlwc yn ei ganlyn, marwolaeth neu aflwyddiant i amgylchiadau bydol ac iechyd y teulu. Roedd ceiliog yn canu ar garreg eich drws yn arwydd y deuai dieithriaid i'r tŷ cyn yr hwyr.

Defnyddiodd y Ficer Prichard, Llanymddyfri, y ceiliog i geryddu ei gyd-offeiriaid diog:

Y ceiliog gwyn a ffest ei adenydd
I ddeffro'i hun, cyn deffro'i wragedd,
Felly dyle'r holl offeiriaid
Ddeffro'i hun cyn deffro'i ddefaid.

Cofnodwyd y canlynol ger ffermdy ym Meirion yn ystod y ganrif ddiwethaf. Roedd gwraig y tŷ yn sgwrsio â merch a ddigwyddodd gerdded heibio, ac meddai honno, 'Rydw i'n gweld eich bod yn cadw ceiliog gwyn. Chlywsoch chi mo'r hen ddywediad fod cadw ceiliog gwyn yn beth anlwcus?' Gwaeddodd gwraig y tŷ ar ei merch gerllaw, gan ddweud,

'Dal y ceiliog gwyn 'na imi, Modlen.' Gwnaeth y llances hynny a'i gario at ei mam. Heb oedi, cododd y wraig fwyell a thorri pen y ceiliog. 'Dyna ni,' meddai wrth yr ymwelydd, 'does 'na fawr o lwyddiant wedi bod yma ers rhai blynyddoedd bellach ac roedd hi'n hen bryd lladd y ceiliog 'na. Y fo oedd wrth wraidd yr holl ddrwg.'

Nid oedd dim i'w ddisgwyl ond trafferthion teuluol os clywid iâr yn canu fel ceiliog, ac os digwyddai iâr ddodwy wyau bychain fel wyau brain byddai'r teulu hwnnw yn cael colledion lu. Hefyd, pe bai iâr fyddai'n eistedd ar wyau yn codi a gwrthod eistedd arnynt, byddai anghydfod yn y teulu.

Yn ôl yr hanes, un ffordd lwyddiannus i fab neu ferch ddarogan pwy fydden nhw'n ei briodi oedd bwyta'r ŵy cyntaf a gâi ei ddodwy gan gywen (iâr ifanc). Ar ôl berwi'r ŵy, rhaid oedd ei fwyta ar ôl mynd i'r gwely ac ni ddylai neb arall rannu'r gyfrinach. Yna, ymddangosai'r cariad mewn breuddwyd. Gwelodd sawl un a wnaeth y prawf hwn rywun a oedd yn hollol ddieithr iddynt, cyn eu cyfarfod, eu caru a'u priodi!

Enw arall ar ŵy cywen fechan oedd ŵy ceiliog, a'r unig ddull o gael gwared â'r anlwc oedd i berchennog yr ieir daflu'r ŵy wysg ei gefn dros y tŷ. Roedd yr ofergoel hon yn gyffredin yn yr Almaen hefyd. Gwaredigaeth arall oedd lladd yr iâr ddaru ddodwy'r ŵy, neu roi iddi ddarn o grib ceiliog i'w fwyta.

Yn siŵr i chi, fyddai neb byth yn cyfri cywion yn uchel rhag ofn i'r hen iâr glywed a lladd rhai ohonynt. Fyddai neb ychwaith yn cario wyau dros ddŵr llifeiriol – nant neu afon, er enghraifft – neu fe fyddai'r cyfan yn wyau clonc. Hefyd, byddai mynd â blodau'r gwanwyn i adeilad lle'r oedd iâr yn gori yn gofyn am anlwc i'r fenter. Mewn rhai ardaloedd, deuai anlwc o gadw plu paun yn y tŷ, er bod plu o'r fath yn boblogaidd gan weision ffermydd i'w gwisgo yn eu hetiau hyd oddeutu diwedd y bedwaredd ganrif ar bymtheg.

Coel arall a gofnodwyd yn y Trallwng tua chanol y bedwaredd ganrif ar bymtheg oedd fod ceiliog a ganai wrth ddrws agored yn arwydd sicr fod rhywun dieithr yn siŵr o alw heibio. Hefyd, gallai hyn fod yn arwydd mai'r wraig oedd y meistr yn y tŷ hwnnw a byddai rhywun yn siŵr o ychwanegu, 'Ac felly mae hi ym mhobman!' Petai iâr yn clochdar deirgwaith o flaen drws, byddai marwolaeth fuan yn y tŷ hwnnw.

Adar Meddygaeth a Milfeddygaeth

Mae cof gennyf wrando ar y diweddar Athro R. Alun Roberts yn adrodd hanes digwyddiad ar fferm yn ucheldir Garndolbenmaen rywbryd yn ystod y bedwaredd ganrif ar bymtheg. Adeg cynhaeaf gwair ar ddiwrnod poeth ym mis Gorffennaf oedd hi pan waeddodd un o'r gweision ei fod wedi cael ei frathu gan wiber. Rhuthrwyd y bachgen i fuarth y ffermdy gerllaw ac yno daliodd yr amaethwr un o'i gywennod a'i lladd cyn hollti'r corff. Â'i gyllell boced, agorodd frathiad y neidr hyd nes bod y gwaed yn ffrydio ac yna, trawodd gorff cynnes y gywen ar yr archoll.

Yn ôl yr hanes, arbedwyd bywyd y gwas ond ni wn i sicrwydd beth oedd yr egwyddor a ddefnyddiwyd, oni bai fod corff y gywen yn peri i'r gwaed ffrydio'n gynt a chario mwy o'r gwenwyn allan o'r brathiad. Mae ar y mwyafrif o bobl ofn neidr, ond synnais cyn lleied o bobl sy'n marw'n uniongyrchol o frathiad gwiber mewn blwyddyn. Cemegolion a ddefnyddir i wella brathiad y dyddiau hyn, a chan amlaf ni fydd brathiad gwiber yn achosi marwolaeth oni bai fod y sawl a gaiff ei frathu yn wael ei iechyd neu'n blentyn ieuanc.

Byddai rhinweddau arbennig yn cael eu cysylltu â thymor y gwanwyn. Bu fy nhad yn gorwedd ar ei wely angau am ymron i flwyddyn a'r dywediad a glywn amlaf gan ymwelwyr oedd, 'Mi welli di at y gwanwyn', neu 'Mi welli di pan ddêl y gog' – y tymor hudol pan oedd nerthoedd natur yn deffro ac yn atgyfnerthu. Hefyd, clywais ymadrodd droeon gan rywun oedd wedi cael annwyd trwm yn yr hydref: 'Cha' i ddim gwared ohono fo nes bydd y gog yn canu'.

Dim ond i rywun grybwyll dolur gwddf a gallaf arogli'r wlanen ag arni haen dew o saim gŵydd a arferai Mam ei lapio o amgylch fy ngwddf yn ystod dyddiau plentyndod. Credid fod saim yr aderyn yn gwella cricymalau hefyd, ac fe'i defnyddid at rai afiechydon ar anifeiliaid y fferm – i godi archwaeth bwyd ar wartheg, er enghraifft.

Swydd bwysig hwyaid a gwyddau ar ffermydd oedd bwyta'r malwod a achosai lyngyr yr iau (liver fluke) ar ddefaid a gwartheg. Un o hen feddyginiaethau Anne Griffiths, Bryn Canaid, Llŷn, oedd eli a wneid o faw gwyddau. Rhinwedd yr eli, mae'n debyg, oedd y gwymon sidan a ddefnyddid ynddo, a dywedir ei fod yn gwella effeithiau'r eryr (shingles) hefyd. Awgrymodd y llawfeddyg Emyr Wyn Jones mai pwysigrwydd y tail gwyddau oedd gwneud yr eli'n llyfn ac yn esmwyth. Hen feddyginiaeth i ddifa llyngyr ar geffyl oedd lladd a blingo cywen fechan a'i gwthio i lawr gwddf yr anifail. Credid y byddai'r cynrhon yn gollwng eu gafael ar yr ymysgaroedd i fwydo ar gnawd yr aderyn. Deallaf fod meddyginiaeth debyg gan sipsiwn i wella ceffyl wedi torri ei wynt!

Mae'n amlwg nad oedd wyau byth yn mynd yn ofer ar ffermydd y gorffennol ychwaith. Byddent yn cael eu hychwanegu at y grual i'r lloi.

Meddyginiaeth i bwrs buwch oedd curo pwys o saim gŵydd yn bast gwyn efo hanner peint o ddŵr nant a'i rwbio ar y pwrs.

Cofnodwyd hefyd sut y byddai un ffermwr yn bwydo'i deirw sioe ar wyau a llefrith. Roedd wyau wedi'u berwi'n galed neu wynnwy yn feddyginiaeth boblogaidd i wartheg a lloi. Pan boenid gwartheg gan bothelli ar y tafod, arferid rhoi wyau ynghyd â'r plisgyn yn eu cegau er mwyn torri'r swigod.

Yng ngolau gwyddoniaeth gyfoes roedd llawer o'r hen feddyginiaethau yn ofergoelion pur, a defnyddid llu o feddyginiaethau oedd yn ddibynnol ar ffydd, gweddi a swynion. Roedd nifer ohonynt yn gysylltiedig â ffynhonnau cysegredig hefyd a chofnodwyd ymron i bedwar cant ohonynt yma yng Nghymru, a rhai o'r ffynhonnau'n gysylltiedig ag afiechydon ac anhwylderau arbennig. Enghraifft o hynny oedd Ffynnon Degla, Llandegla, a ddaeth yn enwog am wella'r afiechyd a elwid clwyf Tegla. Y drefn oedd fod y claf yn ymolchi ei aelodau yn y ffynnon, rhoi rhodd o bedair ceiniog a cherdded oddi amgylch y ffynnon deirgwaith gan adrodd Gweddi'r Arglwydd. Byddai'n ofynnol i ddyn gyfrannu ceiliog, a gwraig i roi iâr at yr achos. Arferid cario'r ffowlyn mewn basged oddi amgylch y ffynnon, i mewn i'r fynwent ac eilwaith oddi amgylch yr eglwys gan adrodd gweddïau. Yn yr eglwys, gorweddai'r claf ar lawr o dan fwrdd y cymun â Beibl dan ei ben. Yno, o dan orchudd o garped neu liain, gorweddai tan y wawr. Yna, âi oddi yno gan adael y chwe cheiniog a'r ffowlyn yn yr eglwys! Petai'r aderyn farw, roedd yn arwydd fod y defodau wedi bod yn llwyddiannus a'r anhwylderau wedi gadael y corff dynol a mynd i gorff y ffowlyn!

Am Ieir

Gwraig a oedd yn ddychryn i ardal gyfan oedd Margaret Evans, Bryn Llyfni, Llanllyfni, Gwynedd. O flaen llys ynadon Caernarfon yn 1883, dywedwyd iddi gweryla â'i chymdoges. Roedd ieir honno wedi crwydro i ardd Margaret ac aeth Margaret ar ei gliniau a darllen pennod o'r Beibl iddynt a'u melltithio – ffordd arferol gwrachod o reibio eiddo.

Doniolwch
Clerigwr yn aros am wythnos mewn tŷ capel a sylwodd fod gwraig y tŷ yn canu'r un emyn bob bore cyn iddo godi. Holodd paham ei bod yn gwneud hynny.

Atebodd y wraig, "Dach chi'n gweld, ar ôl y trydydd pennill mi fydd 'ych ŵy wedi berwi'n feddal, ac ar ôl y pedwerydd pennill mi fydda i'n siŵr 'i fod o wedi berwi'n galed.

Aberth
Bore hyfryd o haf. Iâr a mochyn yn cerdded i lawr y stryd ac yn sylwi ar ymwelwyr yn mwynhau wyau a chig moch i frecwast. Meddai'r iâr, 'Teimlad braf ydi sylweddoli fy mod i'n gallu cyfrannu cymaint at fwynhad y bobl 'na.'

'Efallai wir,' atebodd y mochyn. 'Rhodd ydi o i ti, ond *aberth* fasa fo i mi!'

Y frech
Stori gan wraig a ofalai am blant bach mewn ysgol feithrin, lle bu nifer o'r plant gartref yn dioddef o frech yr ieir. Holodd y wraig un ohonynt a oedd o wedi cael y frech bellach? Dichon fod y crwt yn teimlo'n ddifreintiedig a'i ateb oedd: 'Na, ddim eto, ond mae Mam yn dod â chydig i mi pan fydd hi'n galw amdana' i amser te!'

Chwarae 'Mwgwd yr Ieir'
Arferid rhwymo cadach am lygaid un plentyn a'i osod yn y canol. Y

gamp oedd iddo ddal un o'r plant eraill. Byddent hwythau yn gweiddi'i enw, yn ei daro a rhedeg i ffwrdd.

Un math o chwarae anwar yn Lloegr oedd curo'r iâr dew, ond ni lwyddais i gael cyfri amdano yng Nghymru, oni bai ei fod yn fersiwn o 'fwgwd yr iâr'. Clymid iâr gerfydd ei choesau ar gefn llanc, ynghyd â nifer o glychau ceffylau. Bob tro y symudai'r llanc, byddai'r iâr druan yn clwcian yn groch a byddai'r clychau'n canu. Lleoliad y chwarae oedd libart gweddol gyfyng. Yna, byddai nifer o lanciau eraill yn gwisgo mygydau ac yn ceisio taro'r gŵr a'r iâr efo canghennau. Byddent yn dilyn y sŵn, ond yn aml yn methu ac yn curo'i gilydd yn ffyrnig.

Bratiau y morynion oedd y mygydau ac wrth eu gosod, ceisient adael twll i'w cariadon allu sbecian drwyddynt, a'r morynion eraill yn ceisio rhwystro hynny. Diwedd yr hwyl oedd lladd yr iâr a'i berwi efo cig moch ynghyd â digon o grempogau i'w bwyta.

A dyma yw y seithfed (o'r saith rhyfeddod)
Yr olaf yn y gân,
Sef iâr fy nain yn blingo'r gath
A'i rhostio o flaen y tân.

Nodwydd hud?

Hen arferiad i bennu rhyw cywion yn yr wyau oedd dal modrwy neu nodwydd ynghrog wrth edau fain uwch eu pennau. Os mai ceiliogod oedd y cywion, symudai'r pendil yn ôl a blaen yn syth ac os mai ieir oedd y cywion, byddai'r pendil yn cylchu uwch eu pennau. Roedd yr arlunydd enwog o Fôn, Charles Tunnicliffe, yn credu hyn yn llwyr ac fe honnai ei fod yn medru darogan rhyw adar mewn ffotograffau a chyrff adar marw hyd yn oed, lle nad oedd hi'n bosib adnabod eu rhyw wrth edrych ar eu plu yn unig. Profodd hyn droeon drwy ddadansoddi'r cyrff ar ôl defnyddio modrwy fel pendil.

Bwyd ieir

Yn ystod y blynyddoedd diwethaf, profwyd bod rhai adar yn gallu arogli a blasu rhai bwydydd. Dyfalais droeon sut flas sydd ar bryfed, malwod, neu bry genwair (mwydyn) ond pwy, tybed, sy'n barod i arbrofi? Nid yw'r nodyn hwn a welwyd mewn cylchgrawn merched yn rhoi fawr o arweiniad:

Sylwais fod plentyn teirmlwydd oed fy nghymydog yn sipian rhywbeth ond teimlwn yn reit gwla pan atebodd ei fod yn cnoi pry genwair. Pan ofynnais sut flas oedd arno, teimlwn yn waeth fyth pan eglurodd ei fod yn blasu'n union yr un fath â malwen ond ei fod yn hirach ac yn deneuach!

Lluchio pastwn at iâr

Chwarae 'Mwgwd yr Ieir'

45

Ieir, cŵn a chathod

Cofiaf dynnu llun camera o iâr y buarth yn rhoi maldod i gi defaid bychan pan elai'r bugail â'r ast i ddidol ei ddiadell. Bryd hynny, teimlai'r ci bach yn oer ac amddifad ac ymatebodd yr iâr a oedd yn gori drwy ymestyn ei hadain drosto.

Gwelais adroddiad diweddar fod iâr ddandi wedi marw ar ei nyth a hithau'n gori pedwar o wyau. Pan aeth ei pherchennog at gymdogion i ofyn iddynt roi'r wyau o dan un o'u hieir, nid oedd neb gartref a gadawodd yr wyau ar garreg y drws.

Pan ddychwelodd y cymdogion ymhen rhai oriau, cawsant yr wyau â'r gath yn gorwedd arnynt i'w cadw'n gynnes! Dywedir bod yr wyau wedi deor ymhen tridiau a bod y gath wedi llyfu'r pedwar cyw yn eu tro fel y daethant o'r wyau.

Berwi ŵy

Un o drafferthion mwyaf nifer o wragedd drwy'r blynyddoedd yw wyau'n cracio wrth eu berwi. Dyma awgrymiadau a gesglais i atal hynny:

Rhoi tair llond llwy de o finegr yn y dŵr berw, pigo pen lletaf yr ŵy efo nodwydd i ollwng yr aer ohono.

Gosod yr ŵy mewn sosban, ei llenwi efo dŵr oer a'i gosod i ferwi ar gylch trydan/nwy. Yna, amseru'r ŵy am 45 eiliad yn llai nag arfer.

Un arall yw rhoi matsen wedi'i thanio yn y dŵr berw.

Rhaid cofio na ddylid ceisio prysuro berwi tatws na wyau.

Iâr Fach yr Achos

Roedd gan hen wreigan yn ardal Mynytho iâr a gâi ei galw'n 'iâr fach yr Achos'. Roedd yr arian am ei hwyau hi bob amser yn mynd i'r casgliad at yr Achos yn y capel.

Iâr fach ddrwg ydi'n iâr fach ni
Dodwy allan a chachu'n tŷ!

Fersiwn sir Benfro:
Trefn yr iâr ddu:
Dodwy mas, a domi'n y tŷ!

Clywyd yn y dafarn:
Pa bryd mae mwya' o blu ar iâr?
Pan ma'r ceiliog yn 'i sathru hi!

Affrodisiag

Bara ceirch, tena',
Cocos a wyau,
Sy'n gneud i'r hen ferched
Ysgwyd 'u tina'.

Cynffon

Y ffowlyn Phoenix o linach iâr goch y goedwig sy'n tyfu'r gynffon hiraf a'r plu'n tyfu'n gyson am chwe blynedd heb eu bwrw. Yn 1972, mesurwyd plu cynffon un ceiliog a fesurai 24' 9" (1059 cm).

Blasu

Coeliwch neu beidio, ond trefnwyd profion ar wyau 212 o rywogaethau i geisio pennu pa aderyn oedd yn dodwy'r ŵy mwyaf blasus. Gwnaed y profion gan banel profiadol yng Nghaer-grawnt a phrofwyd yr wyau wedi eu sgramblo, heb unrhyw ychwanegiad.

Ŵy iâr y buarth ddaeth i'r brig. Un o'r rhai blasusaf oedd ŵy dryw bach a daeth gŵydd a ffesant hefyd yn agos at y brig. Beth am ŵy bwji? Roedd hwnnw llawn cystal ag ŵy hwyaden!

Yr ochr arall

Ceiliog llygaid croes ar y buarth. Dwy iâr yn dod i'w gyfarfod ac un yn dweud wrth y llall, 'Well i un ohonon ni fynd i'r ochr arall, rhag ofn iddo fo basio'r ddwy ohonon ni!' ('Storïau William Jones', *Llafar Gwlad*.)

Perygl

Sylwodd postmon newydd ar arwydd anghyffredin ger llidiart bwthyn: 'Gofal, caneri'. Holodd yntau pam oedd yr aderyn bach yn beryglus? Atebodd perchennog y tŷ, "Dach chi'n gweld, y caneri sy'n chwibanu ar y ci!'

Lladd chwain

Hen goel oedd y dylid gosod tri ar ddeg o wyau i ori. Wrth roi eilrif ni fyddent yn deori, neu geiliogod fyddai'r cyfan o'r cywion. I ofalu bod iâr ori yn gyffordus, dylid gosod pridd sych gerllaw iddi allu trochi ei phlu yn y llwch a chael gwared â'r chwain a'r llau plagus. Mantais arall oedd gosod dail pyrethrwm yn y blwch nythu – hyn eto i gadw'r chwain draw.

Llên gwerin o'r canolbarth

Yr oedd gan hen wraig iâr dda am ddodwy, ond torrodd yr iâr ei choes un diwrnod a rhoddodd y wraig goes bren iddi. Dodwyodd yr iâr drachefn a bu'n gori ar ddeg ŵy. Cafwyd deg cyw – a choes bren gan bob un ohonynt! (*Y Cyfaill Eglwysig*, Rhagfyr 1915.)

Gwrachod

Credid fod gwrachod yn gallu morio mewn plisgyn ŵy. Dywedid fod rhai, fel dyn hysbys Pentregethin, yn gwerthu gwyntoedd stormus i longddryllwyr ac yn cael elw sylweddol am wneud hynny. Un ffordd o greu storm oedd tyllu plisgyn ŵy a sugno ei gynnwys, a chwythu i mewn i'r plisgyn gwag cyn selio'r twll â chŵyr. Yna, pan oedd angen codi storm, byddai'r plisgyn yn cael ei falu â charreg. Rhuthrai'r gwynt allan ac achosi'r storm. (Diolch i Eirlys Gruffydd am y wybodaeth.)

Cyffur

Asid hyalwronig yw'r cemegyn sy'n peri i grib a thagellau ceiliogod fod fel rwber meddal neu lastig. Pan fo'r cymalau'n sychu, fel sy'n digwydd i ddioddefwyr cricymalau (gwynegon), bydd chwistrellu'r cemegyn i'r corff yn ystwytho'r cymalau. Gan fod galw mawr am gyrff ceiliogod i gael cyflenwad o'r asid hyalwronig, gofynnid pris uchel amdano. Erbyn heddiw, llwyddodd y Siapaneaid i syntheseiddio'r cemegyn ac o'r herwydd, nid oes angen difa'r ceiliogod.

Deallaf fod cwmnïau sy'n cynhyrchu colur i ferched hefyd yn defnyddio'r asid hwn am nad yw'n cymysgu â dŵr.

Brân yn magu ieir

Cofnodwyd y digwyddiad canlynol gan y diweddar T.G. Walker, yr adarydd o Fôn, ar Ebrill 14, 1950:

Clywyd mewn nyth ym mranas Llangwnnadl, sir Gaernarfon, sŵn cyw iâr yn clwcian. Roedd yn amhosibl dringo'r goeden at y nyth, ond archwiliodd Mr Williams, Glanrafon Fawr, y ddaear o dan y goeden, a chafodd yno ddarnau o blisgyn ŵy iâr. Clywyd clwcian cywion yn ystod y 13eg, 14eg a'r 15fed o'r mis, ac ar y 16eg disgynnodd cyw iâr Light Sussex i'r llawr. Bu farw trannoeth. Ar Ebrill 20fed, clywyd mwy o glwcian cyw yn y franas a chyrhaeddodd cyw croesiad Rhode Island x Black Leghorn y llawr. Roedd y cyw hwn yn fyw bedwar diwrnod yn ddiweddarach, yn fywiog ac yn pigo'i damaid fel unrhyw gyw iâr iach.

Gwyddys fod rhai aelodau o deulu'r brain yn dwyn ac yn yfed wyau adar y buarth. Tybed ddaru'r ydfran hon ddwyn wyau ieir i'w gori?

Ceiliog

Ceir y sylw hanesyddol cynharaf am geiliogod yn y Beibl (Brenhinoedd 2, 17 30-31). Awgrymodd ysgolhaig Iddewig mai ceiliog ymladdgar, llwyddiannus a addolid gan y Samariaid oedd y Nergel a grybwyllir.

Swyn gysgu

Soniodd cydnabod mewn llythyr, 'Rwyf wedi rhoi degau o ieir i gysgu drwy roi eu pennau o dan eu hadenydd, eu troi tua chwech neu saith gwaith ac yna eu rhoi ar lawr. Mi fyddant yn cysgu tan y codaf nhw i fyny. Hoffwn wybod pam mae hyn yn digwydd?'

Sôn wnawn ni yma am swyn gysgu, hypnoteiddio neu fesmereiddio, ac rydym i gyd wedi gweld rhywbeth o'r fath yn digwydd efo pobl ar lwyfannau. Dydi sioe o'r fath ddim mor boblogaidd heddiw a chredaf fod hynny'n llesol, gan fod defnydd pwysig yn cael ei wneud o fesmereiddio yn lle anaesthetig i ddileu poen.

Ond i aros ym myd yr ieir, maent yn dweud bod sôn am fesmereiddio anifeiliaid yn yr Hen Destament, ond ni wn ymhle. Mae disgrifiad o'r ffenomena yn mynd yn ôl dri chant o flynyddoedd. Ceir sôn am fynach ar y cyfandir yn crafu llinell yn y pridd efo'i ffon, ac yn dal pig iâr ar y llinell. Wedi cicio ychydig, tawelodd yr iâr ac aros yn ei hunfan, fel petai wedi ei pharlysu. Bu llawer o ddadlau *pam* mae hyn yn digwydd. Yn gyntaf, nid oes angen y llinell yn y pridd; mae anifeiliaid dall yn gallu cael eu hanfon i gysgu ac mae llawer o ddulliau o hypnoteiddio. Clywais am berfformwyr mewn syrcas yn smalio reslo ag aligetor drwy rwbio ei fol a pheri iddo gysgu.

Mewn gwirionedd, profwyd bod yr ymateb yma – llithro i gysgu – yn gyffredin ac i'w gael mewn amrywiaeth o anifeiliaid: pryfed, pysgod, madfallod, mamaliaid ac wrth gwrs, adar. Deallaf ei bod yn anodd peri i anifeiliaid anwes lithro i swyn gwsg gan eu bod wedi arfer cael eu cyffwrdd. Mae degau lawer o wahanol fridiau o ieir heddiw, ac os oes raid i rywun hypnoteiddio iâr, dewiswch iâr White Leghorn: maent yn dweud ei bod yn haws anfon honno i gysgu na'r un brid arall!

Y ceiliog yn y llestr pridd

Yr Ŵydd: braster fyddo'r nod

Credir bod gwyddau wedi eu dofi gan ddyn yn y cyfnod Neolithig, er nad oes llawer o olion cynnar ar gael. Nid oedd yn arferiad bwyta gwyddau na'u hwyau yn ystod y cyfnod Groegaidd ond roeddent yn dra effeithiol i gadw gwyliadwriaeth liw nos ac i roi cyflenwad o blu ar gyfer saethau. Ymddangosai gwyddau ar fwydlen y Rhufeiniaid ac arferent eu pluo ddwywaith y flwyddyn i lenwi ac ail-lenwi clustogau a gobenyddion. Defnyddid saim gŵydd mewn cyfnodau cynnar a megid llawer iawn ohonynt yn Ffrainc a'r Almaen gynt. Y drefn oedd cerdded y gwyddau dros yr Alpau i'w gwerthu ym marchnadoedd yr Eidal.

Roedd pesgi adar buarth yn agwedd bwysig o economi cefn gwlad ac mewn llyfr a gyhoeddwyd yn 1807 (*Rural Sports* gan W.B. Daniel) ceir disgrifiad o'r dulliau cyffredin o wneud hynny. Dibynnai pris gŵydd wedi'i phluo ar bris cig dafad, gan fod prisiau'r ddau yn cyd-fynd. Pwysau arferol gŵydd oedd rhwng deuddeg ac un pwys ar bymtheg, felly gorau oll pe medrai'r amaethwr gynyddu pwysau ei wyddau ac mae'n anhygoel pa mor effeithiol y gallent wneud hynny drwy or-fwydo'r gwyddau â *bean meal* a bwydydd eraill tebyg i dewychu'r adar. Llonyddaf oedd y gwyddau, mwyaf oedd y cynnydd yn eu pwysau a dull creulon o sicrhau hynny oedd hoelio gwe eu traed i'r llawr! Hynny'n cynyddu eu pwysau i gymaint â 28 a 30 pwys. Arferiad creulon arall yn Ffrainc oedd tynnu llygaid y gwyddau er mwyn eu cadw yn eu hunfan.

Wrth gwrs, arferid pesgi ieir hefyd a chynyddu eu pwysau naturiol drwy gymysgu *gin* â'u bwyd. Roedd hynny'n peri i'r adar fod yn gysglyd a llonydd nes eu bod yn tewychu. Yng nghymdeithas syml ein cyndeidiau, yr adar tewion fyddai'n gwerthu gyntaf ac roedd yn naturiol fod sawl ystryw i sicrhau hynny; dulliau nid annhebyg i'r drefn batri sydd mor boblogaidd heddiw.

Ar ddyddyn ble cedwid dim ond ychydig o wyddau, byddai pob gŵydd mewn casgen â thyllau ynddi i'r ŵydd allu bwydo heb symud fawr ddim. Gan fod digonedd o fwyd o fewn cyrraedd, byddai'r ŵydd yn tyfu ac yn pesgi'n gyflym, a chan amlaf, cymysgfa o flawd, pys a ffa oedd y fwydlen undonog. Yr enw ar y gymysgfa hon mewn rhannau o Lŷn ac Eifionydd oedd 'pupus'.

Byddai gwyddau yn cael eu mewnforio mewn llongau o Iwerddon a'u cerdded i Fanceinion a Birmingham. Gwaith pur wahanol, ac ar gyflymdra gwahanol, i borthmona gwartheg. Pump i chwe milltir oedd taith ddyddiol gwyddau ac yn yr oes galed honno, roedd yn anodd iawn i bobl ag anfanteision corfforol ddod o hyd i waith. Ceir cofnod am ddau ŵr o Benmachno, y ddau ag anfantais corfforol, a fyddai'n porthmona gwyddau.

Wrth gwrs, roedd dulliau pesgi'r adar yn amrywio o wlad i wlad ac o ardal i ardal. Yng Ngwlad Pŵyl, caethiwid y cyw gŵydd mewn llestr pridd diwaelod i sicrhau fod ei garthion yn disgyn i'r llawr, ac ymhen

Gŵydd o'r Aifft

Gwraig y tŷ yn bwydo'r adar buarth
(*Llun drwy garedigrwydd Amgueddfa Werin Cymru, Sain Ffagan*)

pythefnos byddai'n rhaid torri'r llestr i ryddhau'r ŵydd ieuanc – cymaint oedd ei chynnydd. Mewn rhannau o Ffrainc, gwneid cawell arbennig i'r un pwrpas. Bernid fod yr ŵydd yn ddigon tew i'w lladd ymhen mis a'r arwydd o'i haeddfedrwydd oedd fod lwmp brasterog wedi codi o dan bob aden, neu o sylwi fod yr ŵydd yn cael trafferth wrth anadlu. Dywedir bod yr iau (afu) yn pwyso rhwng un a dau bwys bryd hynny a'r cig yn hynod flasus, a bod yr ŵydd yn rhoi rhwng tri a phum pwys o saim hefyd; digon o saim i flasu bwydydd eraill am weddill y flwyddyn!

Gorfodid ieir i dewychu drwy eu cadw'n llonydd a gwthid pelenni o fwyd i lawr gwddf yr aderyn, pob iâr yn ei thro. Gallai hen law ar y gwaith or-fwydo rhwng deugain a hanner cant o adar mewn awr!

Ymestyniad o hyn oedd dyfeisio teclyn gor-fwydo ieir, sef peiriant troed syml oedd yn pwmpio'r bwyd drwy diwb a osodwyd i lawr gwddf yr aderyn. Dywedir bod damweiniau'n digwydd yn aml wrth or-fwydo fel hyn.

Roedd hwyaid yn adar masnachol hefyd a'r drefn oedd eu cadw yn y tywyllwch am tua phythefnos gan eu gor-fwydo ag India-corn wedi'i ferwi. O'u trin fel hyn datblygai'r iau yn annaturiol o fawr a'r hwyaid druan wastad yn fyr eu hanadl!

Roedd plu gwyddau yn werthfawr. Fe'i defnyddid i lenwi gobenyddion a chlustogau, a phlu mwyaf yr adain i wneud cwils. Eglurwyd y drefn fel hyn yn Y Cyfaill Eglwysig (1872):

> Mae'r rhai sydd yn gwneud masnach o'r plu yn eu pluo'n fyw 5 neu 6 gwaith yn y flwyddyn, fel mae eraill yn cneifio defaid, dywedir nad ydynt ddim yn waeth o'r driniaeth, ond peidio ar dywydd oer. Hen enw ar y cyfreithiwr oedd gŵr y cwils, cyn dyfeisio *nibs* metel.

Y tair pluen fwyaf ar yr adain sydd orau i wneud cwils. Yr ŵydd oedd yn rhoi'r cwils cyffredin ar gyfer ysgrifennu dyddiol a phlu'r twrci yn gwneud cwils trymach. Dywedir bod pluen paun yn ysgrifennu'n llyfnach a deallaf hefyd fod plu alarch yn gwneud ysgrifbin ardderchog. Roedd cwils o blu brân i'r dim i wneud mapiau gan eu bod yn tynnu llinellau main a chyson. I baratoi cwils, byddent yn cael eu twymo mewn poptai arbennig a'r memrwn tenau a'r manblu yn cael eu tynnu ymaith. Yna, torri'r blaen â chyllell finiog. Byddai rhai yn caledu'r cwils drwy eu trochi mewn dŵr berwedig.

Erbyn heddiw, nid oes angen plu gwyddau nac adar eraill i lenwi gobenyddion a chlustogau, nac ychwaith i addurno hetiau a gwisgoedd merched ac mae'r gwilsen, wrth gwrs, wedi diflannu â dyfodiad y beiro cyfoes.

Gan fod plu gwyddau yn gynnyrch pwysig a masnachol, roedd paratoi'r plu a'r gobenyddion yn waith gofalus a blinedig. Yn ei lyfr *Aroglau Gwair* ceir disgrifiad manwl gan W.H. Roberts. Cyn eu lladd, byddai'r gwyddau'n cael eu llwgu am ddiwrnod a noson ac yna byddai

Cwt gwyddau o dan risiau llofft stabal

Twll gwyddau yn wal y buarth
(Lluniau: Meirion Ellis, Cerrigydrudion)

ei dad yn eu gwaedu drwy dorri gwythïen yn y pen. Wedyn eu pluo, a gofalu peidio cleisio'r cnawd. Byddai'r adenydd yn hwylus fel ysgubau bach i dacluso'r aelwyd. Casglai ei fam y plu yn ofalus a'u hongian mewn bagiau papur am flwyddyn i ofalu eu bod wedi sychu'n berffaith i lenwi'r gobenyddion a'r gwelyau.

Y gwaith cyntaf oedd prynu ticin i'r gwely newydd a'i olchi'n dda efo doli i gael gwared â'r calch oedd ynddo. Lluchio'r hen blu, ond nid cyn didoli'r rhai defnyddiol. Pwysleisia W.H. Roberts mai gwaith budr oedd glanhau o'r fath a byddai'r plu manaf ym mhobman, felly rhaid fyddai gorchuddio'r geg a'r ffroenau efo hances. Roedd rhaid rhoi sylw i'r defnydd newydd hefyd a rhwbio ei du chwith â sebon – hynny i atal y plu rhag dod drwyddo i'r wyneb a tharfu ar esmwyth gwsg.

Pan oeddwn yn fyfyriwr yn y pedwardegau, cofiaf aros gyda'r diweddar T.G. Walker ym Moelfre, Môn, a chan fod ei gaban yn rhy fach i dri, arferwn gysgu yn fferm Nant Bychan, nid nepell i ffwrdd. Erys cysur y gwely plu hwnnw yn fyw iawn yn fy nghof.

Fel y noda W.H. Roberts yn ei lyfr, ffurf arall ar wely plu yw'r cwilt cyfandirol cyfoes. Efallai wir, ond nid yw ond parodi o gysur gwely plu fferm Nant Bychan gynt.

Cefais hanes o'r Trallwng am deulu a fyddai'n pesgi rhwng deuddeg a deunaw o wyddau ac yn eu gwerthu i borthmon o Birmingham; hynny yn niwedd y bedwaredd ganrif ar bymtheg. Byddai'r porthmon yn cyrraedd y Trallwng ar y trên ac yn bwydo'r gwyddau cyn ailgychwyn am adref. Cafodd gynnig bwyd rhad i'r adar – gwastraff brag o fragdy lleol – a chyn cychwyn yn ôl ar y trên, bwydodd sacheidiau ohono i'r gwyddau. Gan fod alcohol yn y gwastraff, aeth yr adar yn wirion bost. Creu cynnwrf, curo'u hadenydd a cheisio hedfan. Yng nghanol yr holl glebar a'r dwndwr roedd yr adar yn colli pwysau yn hytrach na phesgi, ond llwyddwyd i'w cornelu mewn cytiau moch tywyll. Bu'n rhaid oedi dros nos cyn cychwyn am adref ar y trên.

Un dull syml o besgi gwyddau oedd:

> . . . eu cau mewn adeilad, heb fawr o olau ynddo, a rhoddi blawd, brag neu haidd wedi ei gymysgu â llaeth yn un pen i'r adeilad, a cheirch wedi ei ferwi â dŵr yn y pen arall. Mae amrywiaeth bwyd yn dda iddynt, a phan oeddent yn blino ar y naill, bwytânt y llall, a thewychant yn gynt oherwydd hynny. (*Y Cyfaill Eglwysig*, 1872.)

Yr ŵydd lwyd gyffredin yw'r fwyaf o wyddau gwyllt gwledydd Prydain a hi hefyd yw tarddiad gwyddau dof fferm a thyddyn. Dichon fod dofi gwyddau wedi bod yn waith hawdd i'n cyndadau, gan fod cyw gŵydd yn barod i dderbyn a dilyn unrhyw beth symudol a wêl yn ystod oriau cyntaf ei fywyd. Sylwodd yr ymherodr Iwl Cesar fod y Brythoniaid yn cadw gwyddau hefyd; nid i'w bwyta ond fel gwylwyr i'w rhybuddio pan fyddai gelynion gerllaw.

Dros y blynyddoedd, gostyngodd nifer y gwyddau llwyd gwyllt a

Tyllau gwyddau ar Garn Bentyrch, Llangybi

Gwyddau wrth eu tyllau

diflannu fel nythwyr yng Nghymru a Lloegr ar ddechrau'r ugeinfed ganrif. Yn wir, yr unig wyddau llwyd cyffredin cynhenid wyllt sy'n nythu yma heddiw yw'r rhai sy'n magu yng ngogledd-orllewin yr Alban ac ar rai o'r ynysoedd yno.

Cyn i neb ruthro i gywiro'r sylw uchod, *mae* gwyddau llwyd cyffredin yn nythu yng Nghymru heddiw, ond adar dof a ddychwelodd i'r gwyllt ydynt. Yn dra gwahanol i'r adar gwyllt, tueddant i fod yn hanner dof ac wedi colli'r awydd i ymfudo. Serch hynny, byddaf yn mwynhau gwylio'r heidiau hanner gwyllt o wyddau llwyd a gwyddau Canada sy'n cartrefu yn yr ardal acw. Bydd eu galwadau a phatrymau nodweddiadol eu hedfaniad yn ychwanegu rhamant i ddiwrnod oer o aeaf.

Yn yr un modd, yr hwyaden wyllt gyffredin *(mallard)* yw man cychwyn llawer o hwyaid dof y ffermydd heddiw ac fe gludwyd y rhywogaeth ledled y byd.

Ni wyddom paham y dechreuodd dynion cyntefig gadw adar dof ac adar mewn caethiwed. Efallai, rywdro, fod angen cadw adar bwytadwy byw wrth law nes bod eu hangen arnynt, neu i'w cadw ar gyfer cyfnodau o brinder bwyd. Hwyrach eu bod yn ffynhonnell hwylus o adar i'w haberthu i dduwiau anghofiedig y gorffennol.

Credir bod tri chyfnod o ddofi anifeiliaid gan ddynion cyntefig wedi bod. Yn y cyfnod cynnar, ymhell cyn 3,000 o flynyddoedd yn ôl, cafodd iâr goch y goedwig, yr ŵydd lwyd a cholomen y graig eu dofi. Cychwynnodd yr ail gyfnod yn oes aur Groeg, hyd at tua chan mlynedd yn ôl, a gwelwyd cynnydd mewn dofi nifer o rywogaethau. Cafodd ffesantod ac adar eraill eu dofi a'u magu yn Tseina a Siapan; dysgwyd rhai o'r mulfrain i bysgota hefyd. Yn y cyfnod diweddar, cafodd cymysgfa o adar mawr a bach eu dofi a'u cadw'n gaeth, ond hefyd yn y cyfnod olaf hwn, lluniwyd llu o ddeddfau i warchod llawer o adar gwyllt Ewrop.

Yn ystod y ganrif hon, bu lleihad amlwg yn niferoedd y gwyddau ar ffermydd Cymru; mwy o leihad nag yn niferoedd unrhyw anifail dof arall. Ar ddechrau'r ganrif, nid oedd buarth fferm yn gyflawn heb haid o wyddau a chlagwydd yn hisian o'u cwmpas. Gwelwyd chwyldro mewn dulliau o fagu ieir a gwaith hawdd oedd eu magu'n gaeth mewn cewyll bychain, ond nid yw arferion gwyddau yn gweddu i driniaeth o'r fath. Newidiodd chwaeth y werin bobl at gigoedd hefyd, a heddiw, gwell ganddynt gig undonog ieir a thwrci na chig gŵydd sy'n llawer cryfach ei flas, ond sydd hefyd yn llawer mwy seimlyd.

Am gyfnod maith, cyn adeiladu'r rheilffyrdd, rhaid oedd symud y gwyddau o gefn gwlad i'r marchnadoedd yn y dinasoedd. Cerdded y gwyddau fyddai raid ac roedd hynny'n waith araf a thrafferthus. Yn sicr, roedd hon yn olygfa gwerth ei gweld ac nid oedd haid o fil neu ddwy fil o wyddau'n teithio yn olygfa anghyffredin. Cyn cychwyn, arferid arwain yr adar drwy'r pyg *(pitch, tar)* ac ymlaen drwy raean fel bod haen amddiffynnol ar eu traed gweog i'w hamddiffyn rhag gerwinder y

Marchnad da pluog
(Llun drwy garedigrwydd Amgueddfa Werin Cymru, Sain Ffagan)

Pluo'r adar buarth
(Llun drwy garedigrwydd Amgueddfa Werin Cymru, Sain Ffagan)

57

ffyrdd. Cefais wybod yn ddiweddar fod tŷ o'r enw Tŷ Pitch yn Terrace Walk, Llanfairfechan; un o'r llecynnau ble arferid paratoi gwyddau ar gyfer eu taith efallai? Araf oedd y teithio a byddai trol yn dilyn i godi'r gweinion ar y daith. Hefyd, i ychwanegu at y colledion, byddai lladron, cŵn ac anifeiliaid rheibus eraill yn canlyn yr orymdaith. Cofnododd Hugh Evans hwy fel hyn:

> Cyn dyfod y trên ac yn amser y 'goits fawr' byddai raid i bawb a phopeth ond y bobl fawr a'r ieir gerdded. Mynnent hwy gael eu cario bob amser. Yn ystod y cynhaeaf gwair gwelid y gwyddau yn pasio ar hyd y tyrpeg, trwy Gwm Eithin ar eu ffordd i Loegr, i sofla yn y caeau ŷd i'w paratoi eu hunain ar gyfer y Nadolig. Gofynnid am amynedd mawr i yrru gwyddau, gan mai cerddwyr araf ac afrosgo ydynt, a threulient lawer o'u hamser i glegar yn lle mynd yn eu blaenau . . .
>
> Cymerai ddyddiau iddynt deithio o Gwm Eithin i Loegr. Nid gwyddau Cwm Eithin yn unig a welem yn pasio; deuent yn heidiau o Arfon ac efallai o Fôn hefyd, gan fod y brif ffordd o Gymru i Loegr yn myned trwodd o Gwm Eithin.

Byddai'r amaethwr yn cadw nifer o wyddau wrth gefn; rhai yn stoc i ailgychwyn magu yn y gwanwyn ac eraill i'w bwyta ganddo ef a'i deulu dros y gwyliau i ddod.

Poenid ffermwr yn ardal Llaniestyn gan frain yn bwyta bwyd yr ieir a'r gwyddau. Cyn iddo droi ei gefn, byddai'r fyddin ddu wedi disgyn fel cawod ar y buarth gan lowcio'r cyfan. Penderfynodd roi diwedd ar hyn a gosododd fwyd ar ben casgen i'w gadw o gyrraedd yr ieir. Yna, cuddio yn y sgubor a gwthio baril ei ddryll drwy'r twll clicied a'i anelu at y bwyd ar ben y gasgen. Glaniodd y frân a thaniodd y ffermwr y dryll. Do, fe laddodd y frân, ond yn anffodus, ar yr eiliad dyngedfennol, cododd y clagwydd ei ben i lefel y bwyd ar y gasgen a dyna ladd dau aderyn ag un ergyd!

Mewn llawer ardal fynyddig, arferid mynd â'r gwyddau i bori efo'r defaid. Nodwyd eisoes bod yr adar yn llyncu'r malwod oedd yn cario llyngyr yr iau (fluke) i'r defaid, a diau eu bod hefyd yn rhoi rhybudd buan os oedd llwynog neu elyn arall yn nesáu at y praidd. Byddai tyllau arbennig yn cael eu llunio yng nghloddiau'r mynydd yn lloches i'r gwyddau. Gynt, roedd hawl gan dyddynwyr a phentrefwyr i gadw gwyddau yn y clawdd terfyn.

Dwy Aden Colomen

Heb os, y golomen hanner gwyllt o gwmpas y trefi yw aderyn mwyaf adnabyddus ein gwlad, ac mae'n debyg bod miliynau lawer o golomennod rasio mewn llofftydd adar ledled gwledydd Prydain. Yn wir, gellid ystyried rasio colomennod fel difyrrwch cenedlaethol Gwlad Belg, gan fod degau o filiynau o'r adar yn cael eu magu a'u rasio yno. Hefyd, mae nifer fawr o golomennod yn cael eu cadw ar gyfer eu harddangos mewn sioeau, a miloedd yn byw a magu'n hanner gwyllt ar strydoedd trefi a dinasoedd. Er bod cymaint o amrywiaeth yn eu lliwiau a'u siapiau, erys un nodwedd gyffredin i'r cyfan ohonynt, sef fod gan pob un grwmp – gwaelod cefn – gwyn.

Yr adar gwyllt brodorol, colomennod y graig â'r crwmp gwyn amlwg, yw hynafiaid y cyfan o'r holl golomennod dof a hanner gwyllt sydd yn y byd heddiw. Credir bod colomen y graig yn byw yng nghyfnod Miocene yn yr Aifft oddeutu 11 miliwn o flynyddoedd yn ôl a cheir tystiolaeth eu bod wedi'u dofi ym Mesopotamia 4,500 o flynyddoedd cyn Crist. Manteisiodd yr Eifftiaid ar eu gallu rhyfeddol i ddychwelyd adref a defnyddiwyd colomennod dof i gyhoeddi coroni Ramases y Trydydd yn 1204 C.C.

Mae'n hen draddodiad i ollwng heidiau o golomennod i gyhoeddi cychwyn y Campau Olympaidd, a dichon mai Noa oedd magwr colomennod cyntaf hanes pan ddychwelodd un o'i adar i'r arch â deilen ir yn ei phig!

Mewn gwirionedd, nid oes llawer o wahaniaeth rhwng colomen y graig wyllt a llawer o'r adar dof heddiw, ond bod yr aderyn gwyllt yn fwy cryno a'i gynffon yn fyrrach. Erbyn heddiw, mae cryn ansicrwydd a oes colomennod y graig naturiol wyllt i'w cael yn ein gwlad, gan fod cymaint o adar dof wedi dychwelyd i ailgartrefu yn eu hen gynefinoedd mewn ogofau ar glogwyni'r arfordir.

Bwyd naturiol colomen y graig yw hadau, dail, gwymon, mân falwod a dail amrywiol blanhigion. Felly, pan gychwynnodd dyn amaethu a thyfu cnydau, roedd yr ysbeiliwr naturiol hwn yn barod wrth law i reibio'i ŷd. Pan archwiliwyd cynnwys crombil un o'r colomennod cyfoes gan adaryddion, cafwyd 809 o ronynnau ceirch, rhyg a haidd mewn un crombil a 700 o ronynnau rhyg mewn un arall. Mae hynny, fe gredwn, yn dangos mor ddifrodus i gnydau y gall colomennod fod.

Nid cludo negeseuon yn unig oedd prif werth colomennod i wareiddiadau cynnar. Roeddent hefyd yn brydau bwyd blasus; y cig tywyll yn ddeniadol a'u cywion yn arbennig o flasus mewn pastai. Byddai'r adar yn glynu wrth eu llecynnau magu ac roedd hynny'n gaffaeliad mawr. Roedd gan y Rhufeiniaid dyrau caeedig i fagu'r colomennod a phesgid hwy ar fara wedi'i gnoi gan gaethweision i'w feddalu. Ychwanegid llu o ddanteithion i'r fwydlen syml honno. Hefyd, arferid torri adenydd neu goesau'r adar i'w hatal rhag crwydro oddi cartref. Cofnodwyd bod 5,000 o golomennod mewn un o'r *columbaria* Rhufeinig.

Awgrymwyd mai'r Rhufeiniaid a gludodd y colomennod dof hyn i Brydain ac erbyn cyfnod y Normaniaid, mae'n debyg bod colomendy yn perthyn i bob mynachlog a phlasty. Nid oedd rhyddid i'r werin bobl fagu colomennod eu hunain, ond byddai adar y clerigwyr a'r uchelwyr yn crwydro'r wlad i ysbeilio cnydau prin y tlodion.

Mae'n anodd i ni sylweddoli pa mor bwysig oedd cig y colomennod dof yn y cyfnodau cynnar. Cyn cychwyn tyfu maip i borthi gwartheg yn y ddeunawfed ganrif, nid oedd modd bwydo a chadw'r anifeiliaid yn fyw dros yr hirlwm. Y colomennod oedd yr unig ffordd o sicrhau cig ffres a blasus drwy'r gaeaf felly, a rhaid cofio bod yr adar rhyfeddol hyn yn abl i ddodwy a magu drwy'r flwyddyn. Hawdd dychmygu pa mor flasus oedd pastai cywion colomennod mewn bwydlen undonog o gig a physgod hallt, a chan eu bod wedi'u neilltuo ar gyfer y breintiedig, roedd y colomennod yn gyfystyr â gorthrwm. Erys rhai colomendai yn drwsiadus hyd y dydd heddiw, fel yr enghraifft wych sydd yn hen abaty Penmon, Môn a godwyd tua 1600. Saif piler byr yn ei ganol a chyda chymorth pwt o ysgol, gellid cyrraedd tua mil o silffoedd nythu'r colomennod. Meddyliwch mewn difri faint o wyau a chywion fyddai mewn twr o'r math yma, ac a fyddai hefyd yn cael eu gollwng i reibio cnydau'r taeogion! Gwerthid yr adar yn y marchnadoedd a phrynid colomennod fel y prynwn ni ieir, hwyiad a gwyddau i'w bwyta heddiw. Cofnodwyd bod cymrodyr Coleg y Brenin, Caer-grawnt yn bwyta neu'n gwerthu cymaint â 3,000 o golomennod mewn blwyddyn. Wrth gwrs, roedd carthion yr adar yn wrtaith gwerthfawr i'r tiroedd cyfagos.

Nifer bach oedd hwn o gofio bod 31 o filoedd o golomennod hil y Brenin Gwyn yn magu yng ngholomendai y *Palmetto Pigeon Plant* yn yr Unol Daleithiau yn ddiweddar. Fe'u defnyddid nid yn unig ar gyfer y bwrdd bwyd, ond ar gyfer arbrofion gwyddonol hefyd.

Roedd cylch bywyd syml, didrafferth colomennod y graig yn eu gwneud yn adar hwylus a syml i'w dofi. Dodwyant ddau ŵy gwyn ar silff neu mewn hollt yn y graig, mewn nyth syml o wellt ac ychydig frigau, a deora'r wyau ymhen pythefnos. Byddant yn lloffa'u tamaid yn y caeau ac ym môn y gwrychoedd a bwydir y cywion ar hylif hufennog sy'n cael ei gynhyrchu gan gelloedd ym muriau'r grombil. Yn raddol, ychwanega'r rhieni fwyd soled at yr hylif a elwir yn llaeth colomen.

Mae dŵr yn elfen bwysig a dyna yw 74% o'r llaeth – unig gynhaliaeth y cyw yn ystod ei gyfnod yn y nyth. Gweddill y cynnwys yw 58% protin, 35% saim a 7% mwynau – hylif cyfoethocach na'r llaeth dynol! Treulia'r cywion tua 16-19 diwrnod yn y nyth ac ymhen chwe mis byddant yn ddigon aeddfed i fagu cywion eu hunain. Mewn blwyddyn, gall pâr o golomennod gynhyrchu chwe nythaid a chofier eu bod yn gallu magu drwy gydol y flwyddyn.

Mae cofnodion ar gael fod y Persiaid, yr Asyriaid a rhai

Colomennod dof

Colomendy Dolydd

gwareiddiadau cynnar eraill wedi defnyddio colomennod i gario newyddion yn gyflym o faes y gad. Pan ddarfu Rhyfeloedd y Groes, dygodd y milwyr golomennod rasio gyda hwy o'r Dwyrain Canol ac fe'u defnyddid i gludo negeseuon o gastell i gastell. Ni fu'r adar mewn fawr o fri hyd at y ddeunawfed ganrif, ond yn ystod y bedwaredd ganrif ar bymtheg roedd galw mawr amdanynt i gario negeseuon. Dywedir bod Nathaniel Rothschild wedi defnyddio colomen i gludo newyddion canlyniad brwydr Waterloo iddo yn 1814. Gan ei fod yn gwybod bod Napoleon wedi'i drechu ddiwrnod o flaen pawb arall yn Llundain, llwyddodd i ennill elw mawr ar y farchnad ariannol.

Defnyddiwyd y golomen yn helaeth yn ystod y ddau ryfel byd hefyd (1914-18/1939-45). Yn ystod yr Ail Ryfel Byd, magwyd 200,000 o golomennod i wasanaethu lluoedd arfog Prydain a'i chefnogwyr. Gelwid hwy yn deligraff asgellog yng nghyfnod y Rhyfel Byd Cyntaf, er bod llawer o'r colomennod wedi'u colli yn ystod y cyfnod hyfforddi a nifer yn methu dychwelyd adref wedi'u gollwng prin bum milltir i ffwrdd!

Yn aml, bydd niferoedd yr adar yn peri trafferth mewn llawer o ddinasoedd a bu'n rhaid llunio deddfau lleol i gwtogi eu cynnydd. Ar wahanol gyfnodau, ceisiwyd eu gwenwyno, eu saethu neu eu dal â maglau. Yn anffodus, parhau i fwydo'r colomennod wna pobl. Fe'u cyhuddwyd hefyd o greu a lledaenu nifer fawr o afiechydon: salmonela, tocsoplasmosis, *equine encephalitis*, clefyd Newcastle, *psittacosis* ac eraill. Serch hynny, bwydo a bwydo'r colomennod a wnawn – yn y parciau, ar ochrau'r ffyrdd a ger unrhyw lecyn hamddena yn yr awyr agored.

Wrth gwrs, mae hyn oll yn hen stori. Mae agwedd y Beibl, agwedd pobloedd y Dwyrain Canol, yn gefnogol i golomennod. Nododd Pliny y Rhufeiniwr, ddwy fil o flynyddoedd yn ôl, fod llawer o bobl bryd hynny yn codi colomendai ar doeau eu tai i hybu'r adar.

Llaciwyd y rheolau caeth ar gadw colomenod yn ystod teyrnasiad Elizabeth y Cyntaf, ac o ganlyniad i hyn, bu cynnydd sylweddol yn nifer y colomendai. Barnwyd bod dros ugain mil ohonynt ledled gwledydd Prydain a rhwng tri chant a mil o'r adar ym mhob un ohonynt! Credent fod gwerth meddygol yng nghnawd y golomen hefyd.

Ar droad y ganrif, gwasanaethai meddyg o'r enw Dr Roberts, Talarfor yn Llanystumdwy, Eifionydd. Un o'i ddiddordebau oedd magu colomennod rasio ac ar ei deithiau i weinyddu ar y cleifion, byddai dwy neu dair colomen mewn cawell yn ei gerbyd. Wedi galw yng nghartref claf cefnog, byddai'n clymu'r presgripsiwn wrth droed un o'i golomennod a'i gollwng i ddychwelyd adref. Bryd hynny, *dispenser* yn y feddygfa fyddai'n paratoi'r moddion. Pan gyrhaeddai gwas y claf cefnog y feddygfa, byddai'r moddion yn disgwyl amdano. Mewn gwirionedd, tipyn o gimic oedd y cyfan ond roedd yr holl beth wrth fodd y rhai braf eu byd!

Diau fod rasio colomennod o fewn cyrraedd y tlotaf yn y wlad erbyn hyn a gall colomen iach deithio tua chwe chan milltir y dydd ar gyflymder o fwy na dwy fil o lathenni y munud, gyda chymorth gwynt

Colomendy gyda llwyfan bychan i ddal ysgol y tu mewn

Colomendy Penmon

ffafriol, wrth gwrs.

Gosodir cylch aliwminiwm ar goes pob aderyn ieuanc a'i gofrestru â'r NHU (*National Homing Union*).

Fe ddywed magwr colomennod fod gan pob aderyn ei gymeriad gwahanol ei hun. Taerant hefyd fod gan bob colomen rasio gymeriad arbennig. Pwysleisia pobl eraill ei bod yn hawdd adnabod cefnogwr colomennod rasio am ei fod wastad yn craffu i'r awyr uwchben a'i fod yn medru adnabod ei adar ei hun mewn haid o gant, gan troedfedd uwchben!

Faint o bobl sy'n cadw colomennod? Cofrestrir tua deng miliwn o'r adar ledled y byd yn flynyddol. Amcangyfrifir bod rhwng deugain a hanner can miliwn yn y byd crwn!

Flynyddoedd yn ôl, byddai myfyriwr tlawd o Lundain yn mynd draw at Sgwâr Trafalgar, sy'n ganolfan i heidiau o golomennod, i sicrhau swper iddo'i hun. Gwisgai gôt laes â chlwb golff ynghudd oddi tani, ac roedd ganddo friwsion yn ei boced. Anaml fyddai ei ergydion yn methu a dyna pam mae'n olffiwr mor llwyddiannus heddiw!

Sail rasio colomennod yw gallu naturiol y golomen i ddarganfod ei chartref a dychwelyd yno. Fel y gwelsom, manteisiwyd ar hyn mewn rhyfeloedd filoedd o flynyddoedd yn ôl hyd at y ddau ryfel byd, ond deallaf fod peiriannau electronig wedi disodli'r adar erbyn heddiw.

Nid oes sicrwydd sut yn union y bydd colomen yn llywio mor llwyddiannus i gyrraedd adref ond credir ei bod yn defnyddio golau'r haul, ei safle yn y ffurfafen, cofio nodweddion y tirwedd a rhywfodd yn manteisio ar batrymau magnetig y ddaear. Wrth gwrs, bydd nifer o'r colomennod yn methu dychwelyd adref ac yn chwyddo'r heidiau amryliw hanner dof ledled y wlad.

Awgrymiad diweddar yw fod y cwmpawd yn ymennydd y golomen yn ei galluogi i weld de a gogledd fel lliwiau gwahanol, ac os yw hynny'n wir, mae'n symleiddio'r dirgelwch ynglŷn â'i gallu i ddychwelyd adref o bellter mawr.

Dull poblogaidd o annog colomen i beidio oedi mewn ras yw gadael i bâr gymharu. Yna, ymhen deuddydd, gadael i un fynd i rasio tra bo'i chymar yn gaeth gartref. Ystryw arall yw gadael i ddau geiliog gymharu ag un iâr ac anfon y ddau geiliog i rasio!

Ni fydd adar a ddewisir i rasio yn cael cyfle i fagu, gan fod eu nerth yn cael ei wastraffu wrth fwydo'r cywion.

Dros y blynyddoedd, talwyd prisiau uchel am rai colomennod rasio llwyddiannus, a'r swm mwyaf a roddwyd am aderyn byw oedd tua £25,000 a dalwyd gan ŵr o Siapan am golomen rasio o Wlad Belg ym mis Hydref 1978.

Mae'n ddifyr sylwi bod colomennod Sbaen yn cael eu defnyddio i hudo colomennod dieithr adref, fel bod eu perchenogion yn gallu cael gafael arnynt a'u caethiwo fel gwystlon a hawlio pridwerth amdanynt. Dywedir mai'r colomennod hyn yw'r hudwyr mwyaf llwyddiannus a

Cwt colomennod dof mewn gardd gefn yn ne Cymru

Cwt adar yn yr ardd gefn. Sylwer ar y nico ar y gwifrau.

medrus yn y byd i gyd!

Cyn rhyddhau colomen rasio ar ei thaith bell, mae'n hanfodol ei bod wedi arfer â'r olygfa oddi amgylch ei chartref ac wedi cael tipyn o ymarfer darganfod ei chartref o lecynnau gweddol agos. Mae'n hanfodol hefyd bod galluoedd naturiol yr aderyn yn cael eu meithrin ac mae'n bwysig ymestyn yr ymarfer ar y llwybr rasio sy'n cael ei ddefnyddio gan y clwb rasio lleol.

Cyn cychwyn ras, dygir y colomennod i lecyn canolog a gosodir modrwyau rwber y ras am eu coesau. Hefyd, bydd cyfeiriad y clwb yn cael ei stampio ar blu'r adenydd. Mae'r cloc sy'n cofnodi'r amser cychwyn a'r amser dychwelyd hefyd yn hanfodol.

Braslun yn unig a geir yma, ac er bod miloedd lawer o golomennod rasio yng Nghymru heddiw, roedd llawer mwy pan oedd glofeydd y de yn eu hanterth ac apêl y difyrrwch yn amlwg i ddynion oedd yn treulio oriau gwaith yn nhywyllwch y pyllau. Yn Amgueddfa Werin Sain Ffagan, ceir enghreifftiau o gytiau colomennod a oedd yn nodweddiadol yng ngerddi glowyr yr hen amser, ac mae'n siŵr fod degau o rai tebyg ar gael yng Nghymru heddiw.

Datblygwyd llu o wahanol fridiau o golomennod i'w harddangos mewn sioeau yn hytrach nag i'w rasio. Yn wir, llwyddodd bridiwyr i ddatblygu lliwiau, siapiau ac erchyllterau rhyfeddol dros y blynyddoedd, sy'n dra gwahanol i'r golomen wyllt wreiddiol honno oedd yn ysbeilio cnydau yr amaethwyr syml amser maith yn ôl.

> Glân fel y g'lomen ar nen ucha'r to
> Yw morwyn gŵr gweddw, pan êl i roi tro;
> Ond coeliwch neu beidiwch, y gwir a saif byth,
> Mae hi'n slwt rwdi fudur yng nghanol ei nyth.

Meddw gaib

Sul y cadoediad mewn tref yn ne Lloegr ac fe anfonodd rhai o'r trigolion am swyddogion y Gymdeithas er Gwarchod Adar. Roeddent wedi sylwi bod colomennod y fro yn feddw gaib, yn gysglyd ac yn simsan ar eu traed. Darganfuwyd bod yr adar wedi bwyta ŷd a hwnnw wedi'i drwytho mewn alcohol!

(*Daily Post*, 13.11.95)

Gorchest ddiweddar

Cefais adroddiad yn un o'r papurau dyddiol (1.8.96) fod colomen ieuanc o Sussex yn Lloegr wedi ymddangos ar ôl pedair blynedd. Y bwriad oedd iddi hedfan 82 o filltiroedd adref i lofft ei pherchennog yn Dorset. Credai pawb ei bod wedi marw ar y daith, ond cafodd ei pherchennog alwad ffôn yn dweud bod y golomen afradlon yn Dalian – tref ym Manchuria. Hyderir y gwelir yr aderyn yn hedfan adref mewn awyren!

Aderyn rhyngwladol

Yr hebog tramor yw prif elyn colomennod gwyllt a dof, ac i arbed eu hadar, mabwysiadodd magwyr colomennod Ewropeaidd hen ystryw o Tsieina. Clyment glychau bychain ar blu mwyaf yr adenydd a chyflymaf fyddo curiad yr adenydd, uchaf fyddo sŵn y clychau i ddychryn yr hebog.

Dichon fod y Swmeriaid wedi sylweddoli bod colomennod yn adar ymladdgar gan eu bod wedi rhoi symbol colomen ar eu baneri rhyfel. Roedd y golomen yn bwysig i'r Iddewon hefyd, ac fe aberthai'r tlodion (y bobl na fedrent fforddio dafad) ddwy durtur neu ddwy golomen ieuanc. Mabwysiadodd y Cristnogion cynnar y golomen hefyd a daeth yn symbol o'r ysbryd glân.

Colomendy symudol o Wlad Belg

Cyn Goched â Cheiliog Twrci

America yw cyfandir cynhenid y twrci ac o'r herwydd, nid oes llawer o hanesion amdano yng Nghymru Fu. Clywais ddywedyd mai'r twrci yw'r anifail dof mwyaf bendithiol a ddaeth o'r byd newydd. Wrth gwrs, mae'r enw yn dra chamarweiniol – credai'r mewnforwyr cynnar eu bod yn tarddu o wlad Twrci. Gan fod cymaint o hela ar y tyrcïod gwyllt, erbyn 1672 roeddent yn eithaf prin ac yn prysur ddiflannu o rannau o'r wlad. Bu raid cyfyngu eu hela a thrwy warchod poblogaethau ac ychwanegu gwaed newydd, llwyddwyd i gynyddu eu niferoedd.

Er bod saith is-rywogaeth mewn bodolaeth, tardd y mwyafrif o'r adar dof o is-rywogaeth de Mecsico.

Mae'r aderyn gwyllt yn dra gwahanol i'r tyrcïod dof sy'n cael eu magu ar y ffermydd, lle mae pwysau'r adar yn holl bwysig. Y twrci trymaf a bwyswyd erioed oedd aderyn a fagwyd gan gwmni *United Turkeys* o Gaer. Ei bwysau oedd 81lb ¼ owns (36.75 kg) ac fe'i gwerthwyd am £3,600. Cyflwynwyd yr arian i Gronfa Achub y Plant.

Bernir bod y twrci dof yn aderyn poenus o dwp a cheir cyfri am rai yn rhewi i farwolaeth, er bod cytiau cynnes gerllaw! Cofnodwyd hefyd bod tyrcïod eraill mor araf yn feddyliol fel y bu raid eu dysgu i fwyta!

Ni fydd y ceiliog twrci yn cynorthwyo'r iâr i godi nyth, i ori'r wyau na gofalu am y cywion. Llysieuol yw eu prydau bwyd: cnau, aeron ac ŷd; bwyd sy'n cael ei falu'n fân yng nghrombil yr aderyn. Yn wir, mae'r grombil yn un o'r organau mwyaf effeithiol yn y byd a phan wnaethpwyd arbrofion yn ystod y bedwaredd ganrif ar bymtheg, cafodd tiwb haearn ei wastadhau gan y grombil mewn pedair awr ar hugain. Pan lyncodd twrci bryd o nodwyddau a chyllyll meddygol, fe'u darniwyd yn ddarnau mân o fetel.

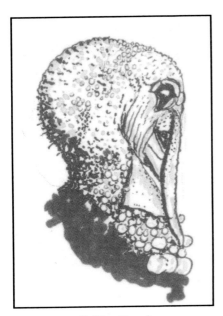

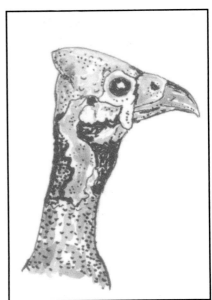

Ceiliog Twrci

Iâr Gini

Twrci American Bronze

Y Paun a'r Sofliar

Er fy mod wedi gweld degau o adar trawiadol yn yr India, canfod peunod yn byw yn hollol wyllt yng nghefn gwlad a roddodd fwyaf o bleser i mi. Edmygwyd y paun, aderyn cenedlaethol yr India, ers cannoedd o flynyddoedd ac fe'i cludwyd gan ddynion i nifer fawr o wledydd y byd.

Hyd at yr Oesoedd Canol, y paun oedd aderyn drytaf y byd a dim ond y gwir gyfoethogion a allai fforddio ei brynu. Gan ei fod yn aderyn hawdd i'w gadw a'i fagu, aeth yn rhan o hanes a chwedloniaeth nifer fawr o wledydd.

Gogoniant y paun yw ei blu godidog, yr addurn a elwir gennym ni yn gynffon yr aderyn. Mewn gwirionedd, tusw o blu di-nod yw'r gynffon a thyf y plu ysblennydd o waelod cefn y paun i ffurfio'r wyntyll, a phob pluen â llygad drawiadol. Ceir hyd at gant a hanner o'r plu yn ffurfio'r gynffon ffug, ond dywedir bod nam ym mhob perffeithrwydd; gwendid y paun yw'r alwad uchel fel utgorn sy'n cario cryn bellter ar draws gwlad!

Efallai mai'r Rhufeiniaid a ddechreuodd fagu peunod ar gyfer y bwrdd bwyd ac aeth tafodau peunod yn un o'u hoff ddanteithion.

Pan briododd Siarl Foel o Burgundy ag Isabella yn y bymthegfed ganrif, rhostiwyd cant o beunod ar bob diwrnod o'r wythnos gyfan fel rhan o'r wledd briodasol.

Gynt, cedwid peunod ar lawer o stadau Cymru i addurno'r gerddi a'r lawntiau, ond profodd y ffesant yn llawer mwy poblogaidd yn ddiweddar.

Mewn rhannau o'r Eidal a de-ddwyrain Asia, arferid ymladd soflieir yn gyson. Ar gychwyn gornest, gosodid cawell yn llawn ieir ger terfyn y cylch ymladd i wylltio'r ceiliogod a'u hannog i ymladd yn filain.

Pan ymfudodd pobl i Brydain o'r gwledydd uchod, daethant â rhai o'u hen arferion gyda hwy, ac yn eu mysg, ymladd soflieir. Deallaf fod gornestau o'r fath wedi cael eu cynnal yng Nghaerdydd ac Abertawe hefyd.

Mewn erthygl yn y *Sunday Times* (Ebrill 21ain, 1996), dywedir bod golygfeydd o ornestau ymladd soflieir wedi eu ffilmio ar dâp fideo a ddygwyd gan yr heddlu a'r RSPCA o dŷ yn Bradford. Â'r erthygl ymlaen i honni bod cymaint o gwynion am ymladd soflieir ag a geir am ymladd ceiliogod ac ymladd cŵn. Ymddengys bod ymladd soflieir ac ymladd petris wedi eu cynnal yn Asia ers miloedd o flynyddoedd ac maent yn boblogaidd heddiw yng ngogledd Pakistan. Y drefn oedd bwyta'r adar ar ôl yr ornest, ond gan fod cymaint o arian yn cael ei gamblo heddiw, tueddir i nyrsio'r buddugwyr a'u cadw i ymladd yr eildro.

Dim ond dau achos o ymladd soflieir a ddygwyd i'r llysoedd yng ngwledydd Prydain; un yn Birmingham (1969) ac un yn Bradford (1973). Dywedodd llefarydd nad oedd gan yr arferiad ddim oll i'w wneud â diwylliant Mwslemaidd gan fod deddfau'r grefydd honno yn gwahardd creulondeb tuag at anifeiliaid.

Iâr Gini

Ychydig o lwyddiant a gafodd ymdrechion i groesi a chaboli llinach yr iâr gini sy'n adnabyddus ar rai ffermydd. Cawsant eu dofi am y tro cyntaf dros ddwy fil o flynyddoedd yn ôl yng ngwlad Groeg, ond ar ôl y cyfnod Rhufeinig, diflannodd i bob pwrpas yn ystod yr Oesoedd Canol.

Credir mai morwyr Portiwgal ddaeth â'r iâr gini yn ôl i Ewrop, ond ymddengys na fu'n aderyn masnachol pwysig. Fy hun, credaf fod yr iâr gini yn wyliwr rhagorol, yn enwedig pan fydd yn sefyll ar gorn y tŷ i gadw llygad ar bawb a phopeth. Un anfantais oedd fod plisgyn ei hwyau'n anarferol o galed!

Yn wahanol i ieir, nid yw ieir gini yn ffynnu mewn caethiwed a dylid rhoi digon o le iddynt grwydro. Hefyd, maent yn gwerylgar ac yn ffraeo gyda ieir ac adar eraill y buarth, gan fwyta llawer o'u hwyau. Ni wnes i erioed fwyta cig yr aderyn ond clywais ei fod yn flasus iawn.

Estrysiaid

Trafod adar Cymru Fu a wnaethom, ond yn ystod y blynyddoedd diwethaf cychwynnwyd ffermio estrysiaid, adar mwyaf y byd, mewn nifer o ardaloedd yng Nghymru. Maent oddeutu chwe throedfedd o daldra ac yn pwyso tua phedair stôn ar bymtheg. Gynt, y plu mwyaf oedd y prif gynnyrch ar gyfer addurno hetiau merched, yn enwedig plu du a gwyn y ceiliog. Mewn gwirionedd, nid oes nemor ddim o gorff estrysiaid yn cael ei wastraffu heddiw. Gall croen un aderyn fod yn werth £100 a siaced ffasiynol yn costio £2,000 yn y dinasoedd. Y cig coch iachus yw prif gynnyrch estrysiaid a'r man cychwyn arferol yw prynu dwy iâr a cheiliog. Pwy a ŵyr, efallai y gwelwn heidiau mor niferus â'r defaid mân ar lethrau Cymru Fydd.

Y Caneri

Er mor galed a digysur oedd bywyd beunyddiol ein cyndadau ganrifoedd maith yn ôl, teimlaf ym mêr fy esgyrn eu bod yn cadw adar yn gaeth mewn cewyll bryd hynny hefyd. Efallai fod drudwy Branwen yn enghraifft o arferiad llawer mwy cyffredin mewn cyfnodau cynnar, a phlant yn dofi adar i ddynwared arferion hebogaeth yr oedolion. Ai rhith oedd Adar Rhiannon tybed?

Gwyddys bod cantorion o fri megis ehedyddion ac adar nico wedi cael eu caethiwo am rai cannoedd o flynyddoedd. Ni fyddai cewyll yn broblem, gan fod gwiail a llinynnau ar gael i bawb drwy'r oesoedd. Yn sicr, nid oedd prinder adar mawr na mân i'w caethiwo a'u bwyta. I blant y wlad, roedd sialens mewn dofi a magu adar mwy, a gwelais amrywiaeth mawr o adar yn cael eu dofi gan hogiau 'Stiniog dros y blynyddoedd. Y rhai poblogaidd oedd teulu'r brain, jac-y-do, brân dyddyn, pioden, sgrech y coed a chigfran.

Mae'n debyg fod y caneri wedi cyrraedd gwledydd Prydain yn rhan olaf yr ail ganrif ar bymtheg, ac yn y cyfamser, llwyddwyd i ddatblygu a magu tua hanner cant o fathau gwahanol. Yn Awstria a'r Almaen magwyd y rholwyr enwog oherwydd eu caneuon cyfoethog.

Erbyn canol y bedwaredd ganrif ar bymtheg roedd y mwyafrif o'r prif fridiau megis y Border, Lizard, Gloucester, Yorkshire a llawer mwy wedi eu sefydlu ac yn cael eu harddangos mewn sioeau adar. Maent yn bur wahanol i'r caneri gwyllt – aderyn bach brown-wyrdd o deulu'r pincod sy'n magu yn ei gynefin yng ngogledd-orllewin Affrica, Madeira ac ynysoedd y Caneri. Hyd y gwyddom, cawsant eu cadw mewn cewyll am y tro cyntaf tua phedair canrif yn ôl a chan eu bod, fel y byji, yn bwyta hadau, roedd eu dofi'n waith digon hawdd.

Mewn sioe adar, bernir y caneri oddi mewn i ganllawiau'r brid – am ymdebygu i ddelwedd y brid, am ei ansawdd, ei liw, cyflwr y gynffon a'r adenydd. Bydd y beirniad yn rhoi marciau am gyflwr y coesau a'r traed, a llawer mwy hefyd.

Cafodd cenedlaethau o lafurwyr, gweithwyr diwydiannol lawer ohonynt, bleser di-ben-draw wrth fagu adar caneri. Cyn i'r caneri erioed ymddangos ym Mhrydain, câi amrywiaeth o rywogaethau o adar mân gwyllt eu cadw mewn cewyll, megis y nico, coch y berllan, llinos werdd, llinos gyffredin a phinc y mynydd. Y sialens i lawer o'r magwyr adar oedd croesi rhywogaethau, megis croesi iâr goch y berllan â cheiliog nico. Croesiad poblogaidd oedd croesi caneri â phincod i greu *mules*, ond diolch byth na phrofodd y croesiadau yn rhai ffrwythlon neu byddent wedi creu problemau di-ben-draw i wylwyr adar gwyllt heddiw!

Y pyllau glo ddaeth â'r caneri i enwogrwydd. Gwaith caled, budr, a pheryglus oedd gwaith y glöwr, ymhell o dan y ddaear, ac yn aml roedd gelyn peryglus, anweledig yn aros amdano. Byddai dynion yn cael eu lladd cyn iddynt wybod bod nwyon marwol o'u cwmpas. Gallai'r nwyon greu ffrwydriadau hefyd.

Pedwar ugain a phump o flynyddoedd yn ôl, deddfwyd bod dau ganeri i'w dwgyd i lawr y pwll gyda'r glowyr. Lluniwyd deddf arall yn 1956 i sicrhau bod yr adar yn cael eu cario i lawr y pwll, nid yn ddyddiol, ond gan y gwasanaethau achub. Roedd y caneri yn gaffaeliad gwerthfawr a byddai'r gwasanaeth achub yn cario caban bychan i adfer yr aderyn petai angen hynny. Fe'i gosodid yn y gell fechan a rhyddhau

Un o sioeau adar Penrhyndeudraeth yn y chwedegau

Alun Jones o 'Stiniog yn magu cyw brân dyddyn yn y pumdegau

73

ocsigen iddo i'w ddadebru.

Yn 1996, ymddeolodd 250 o'r adar caneri (y cyfan oedd yn weddill) gan nad oedd eu hangen mwyach yn y pyllau glo. Dyfeisiwyd peiriant electronig oedd yn fwy synhwyrus i nwyon peryglus na'r adar.

Soniodd Cliff Hunkin, cyn-löwr o'r de, fod yr adar yn cael eu cadw yn yr ystafell cymorth cyntaf yn agos at ben y pwll (Pwll Lewis Merthyr yn Nhrehafod, Rhondda). Cofiai fod tua chwe chawell yno gydag un caneri ym mhob un.

Bob tro y digwyddai ffrwydriad bach (blow-out), byddent yn mynd â'r caneri i mewn i'r pwll a'r gŵr cymorth cyntaf oedd yn gofalu am yr adar. Am fod ysgyfaint caneri gymaint yn llai nag ysgyfaint dynol, byddai ychydig o'r nwy yn peri i'r aderyn lewygu. O'i symud i'r awyr iach, byddai'n dadebru. Y nwy ysgafn (Methane) oedd yn codi a'r nwy trwm (fire-damp) yn glynu yng ngwaelodion y lefelau. Gan fod hwn yn gynnes, roedd canfod chwilod duon yn arwydd pendant o bresenoldeb y nwy trwm.

Mae'r byji yn gallu dynwared seiniau tra gwahanol i'w alwadau naturiol, ond wrth gwrs, nid ef yw'r unig un. Bu dysgu adar gwyllt Cymru i ynganu geiriau dynol yn boblogaidd yng nghefn gwlad dros y canrifoedd a mentraf grybwyll chwedl Branwen yn y Mabinogi yn dysgu'r drudwy cyn ei anfon at Bendigeidfran. Gydol fy mhlentyndod, roedd yn arferiad gan hogiau i ddwyn cyw jac-y-do o'r nyth, ei fagu a'i ddysgu i ynganu geiriau. Yn eu tro, bu acw gywion pioden, sgrech y coed a brân ddyddyn, ond ychydig ohonynt a ddysgodd siarad. Am gyfnod, pan oeddwn yn athro mewn ysgol gynradd, arferwn gadw pâr o adar byji mewn cawell pwrpasol yn fy nosbarth, ond weithiau, pan ymdrechwn i egluro ambell broblem fathemategol, rhaid fyddai gorchuddio'r cawell efo lliain dros dro gan fod yr adar mor swnllyd!

Mae'r byji, paracit y gwair, yn perthyn i deulu mawr y parotiaid, adar sy'n enwog am eu gallu i ddynwared. Dichon mai'r enwocaf a gofnodwyd erioed oedd parot (eiddo Gwyddel o'r enw O'Kelly) o ganol y ddeunawfed ganrif. Talodd y Gwyddel hanner can gini am y parot, pris sylweddol bryd hynny, ac yn ôl yr hanes gallai'r aderyn ailadrodd popeth a glywai ac atebai bob cwestiwn. Gallai ganu a chadw nifer dda o ganeuon poblogaidd ar ei gof. Petai'n taro nodyn anghywir, byddai'r parot rhyfeddol yn ailgychwyn y bar, yn ei gywiro'i hun ac yn gorffen y gân. Deallaf ei fod yn gallu canu Salm 104 yn berffaith, a chaneuon eraill adnabyddus megis anthem genedlaethol Lloegr. Ond penderfynodd gwraig y Gwyddel werthu'r parot. Cwynai fod yr aderyn yn cymryd ochr ei gŵr ym mhob ffrae deuluol!

Y Byji

Er bod y byji wedi'i fewnforio i Brydain bron i gant a hanner o flynyddoedd yn ôl, gallwn ei ystyried yn un o adar diweddar Cymru Fu. Yn ei gynefin gwreiddiol yn Awstralia, mynycha diroedd gwelltog, agored, a hadau gweiriau yw ei brif fwyd. Gan fod y byji mor hoff o gwmni ei debyg, gwelir heidiau anferth yn crwydro'r wlad i ymborthi ar yr hadau, yn enwedig pan fo glawogydd diweddar wedi hybu tyfiant.

Bydd aderyn cyffredin sy'n bwydo ar hadau yn yfed o leiaf unwaith bob dydd, gan yfed tua 10% o bwysau ei gorff. Yn dra gwahanol, gall y byji fyw am fisoedd heb yfed a heb golli dim o'i bwysau sefydlog arferol. Llwydda i wneud hynny, mae'n debyg, oherwydd y lleithder a gynhyrchir yn fewnol gan fetaboledd naturiol ei gorff. Hynny yw, drwy ddadansoddiad saim a phrotin. Mewn blwyddyn, bydd yn bwyta can gwaith cymaint â phwysau ei gorff ei hun.

Dyddia'r cyfrif cyntaf am y byji yn Lloegr oddeutu 1840 ac yn ystod ail hanner y ganrif mewnforiwyd miloedd lawer ohonynt i wledydd Prydain. Roedd dros 8,000 o'r adar ar fwrdd yr *Hesperus* a laniodd yn 1879 ond i gael gwir syniad o'r niferoedd a fewnforiwyd, dywedir bod dros 50,000 o'r adar byji wedi cyrraedd Llundain yn ystod chwe mis cyntaf 1879 ac ers hynny, profodd yn aderyn hynod boblogaidd. Faint o'r 50,000 gyrhaeddodd Cymru bryd hynny, tybed?

Paracit bach gwyrdd yw'r byji gwyllt naturiol, ond trwy ddewis a chroesi gofalus mewn caethiwed, magwyd adar mwy o faint a llawer mwy lliwgar na'u cefndryd yn y gwyllt. Mae'r byji yn boblogaidd am ei fod yn aderyn glân, yn hardd ac yn hawdd ei fagu. Gellir cadw un mewn cawell yn y tŷ neu gadw nifer mewn tŷ adar yn yr ardd.

Y ci fu hoff gyfaill dyn drwy'r oesoedd, ond prawf o boblogrwydd y byji yw'r ffaith fod mwy o'r adar hyn nag sydd o gŵn erbyn heddiw!

Mae lle i gredu bod elfen o wallgofi yn yr Unol Daleithiau pan gyrhaeddodd y byji i'r wlad honno yn ystod y pumdegau. Bryd hynny, barnwyd bod byji i'w gael yn un o bob pump o gartrefi'r wlad fawr. Faint? Wel, tua phedair miliwn ar ddeg ohonynt. Medrai rhywun gael steil gwallt paracit a byddai ystafell paracit mewn rhai tai bwyta, ac roedd ysgol i ddysgu'r adar i barablu geiriau yn Chicago hyd yn oed! I goroni'r cyfan, rhestrwyd rhif personol – llinell ffôn breifat – i un byji arbennig yn y llyfr teliffon bryd hynny; hynny yw, i'r aderyn allu ateb ei alwadau personol ei hun!

Mae'r byji yn dipyn o ddynwaredwr hefyd; beth am yr enghraifft hon o'r America? Ei orchest oedd gallu adrodd 400 o ymadroddion Saesneg ac Iddewig a gallai adrodd crynodeb o ddamcaniaeth perthynoledd Dr A. Einstein!

Fe'm holwyd droeon paham na welwn adar byji yn byw ac yn magu'n wyllt yma yng Nghymru, gan fod cymaint ohonynt wedi dianc i'r gwyllt dros y blynyddoedd? Datblygodd y diweddar Ddug Bedford haid ohonynt ar ei stad. Roeddent yn sefydlog mewn tŷ adar – yn cael eu gollwng yn rhydd am gyfnod yn ddyddiol ond yn cael eu cau i mewn ar derfyn dydd. Hynny, wrth gwrs, yn eu diogelu rhag cathod a thylluanod y fro.

Deallaf fod arbrofion o'r fath efo adar caneri wedi eu cynnal ar Ynys Sgomer gan y naturiaethwr R.M. Lockley. Wrth gwrs, gelynion naturiol – cudyllod a thylluanod – fyddai'n difa'r adar lliwgar yn ddidrugaredd. Yn ystod y ddwy ganrif ddiwethaf, magwyd ac arbrofwyd ar nifer fawr o wahanol rywogaethau tramor a Phrydeinig, ond stori ddifyr arall yw honno.

Bwji   *Nico*

Cyw sgrech y coed, un o adar gwyllt y fro, yn cael ei fagu gan fachgen lleol